科学者、あたりまえを疑う

佐藤文隆
SATO, Humitaka

青土社

科学者、あたりまえを疑う　目次

科学者、あたりまえを疑う

まえがき

連続した日本人のノーベル賞受賞など、科学という営みへの世間の熱い思いが広がっている。少子高齢化など、未来に難問が覆いかぶさっている鬱陶しい昨今の雰囲気では、スポーツや芸術も含めて、国際舞台での日本人の活躍に接するのは気持ちの晴れる慶事である。また戦後七〇年の節目の年の歴史の目でみれば、みんなで築いた「経済大国」を足場に各世代の若い創造的力の開花をみんなで寿ぐ国民国家の麗しい物語をみる思いがする。

ただ近年の世情を眺めると、科学が国民国家の「イヴェント」や「憂さ晴らし」に矮小化されるのでないかと一抹の不安を感じる。「知の地平の拡大」や「医療への福音」は人類一般に対するもので日本の憂鬱とは別物だが、「気持ちが晴れる」のは国民国家の括りのせいである。ここに「慶事」が外向きの「人類一般」に向かわず、内向きで排外主義の「国家」に転がらないかと危惧するのである。

「慶事」の最中にそんな危惧を抱くのは筆者が体験した科学の変容であり、長年の生業の職業病かもしれない。戦後民主主義の〝思想としての科学〟に憧れ、「大学と研究」の世界に参入し、一九六〇年代からの理工系倍増期での研究者文化の変容を感じ、大学紛争を経た一九七〇年代では科学から権威主義の皮が剥げ落ちていくのを実感し、一九八〇年代のJapan as No. 1と囃された経済繁栄の中で世界の最前線に躍り出る躍動感を味わい、一九九〇年代の冷戦崩壊後の世界秩序転換と日本の財政危機の中で透明性と説明責任の渦中に呑み込まれ、新世紀に入っての情報インフラ上で繰り広げられる様々なランキングに巻き込まれていくのを遠望して現在に至っている。

自民党が圧勝した二〇一二年末の総選挙直後のころ、筆者は「ものの理に反しても人を動かすことは出来るが、ものの理に反して物を動かすことは出来ない。前段は先ごろの歳末総選挙の結果を、後段はメルトダウンした原発の制御の苦労を思い起こさせる」と書いた（『図書』（岩波書店）二〇一三年三月号巻頭言）。人の世は情報でつくられる。家族や地域や職場や友人といったリアルが希薄化していく中で電波や光ファイバーで飛び込む過剰な情報の何を身体にしみ込ますかに苦慮している。天敵の接近を察するあの動物本能だけでは現代社会を生き抜くことは出来ない。言論の力の衰弱はここに起因するように思う。

本書「科学者、あたりまえを疑う」は近年の世情への危機感をベースに、科学者として生きてきた者の思考を記したものである。「荀子」に「信信信也、疑疑亦信也」という句がある。「信を信ずるは信なり、疑を疑うも亦た信なり」と読む。迷いを突き詰めると、これで良いのでは思う反面それに対する疑念も同時に芽生える。原文の前後をみるとこの句は「疑疑亦信也」の方にポイントがある。自然に心にうかぶ疑は潜在意識が発する警告であり、それも信じてみるべきだと。しかし、それではグルグル回るだけで迷いは解消しない。だから「信信信也」も並べて提示して、

「あとはお前が決断せよ！」と言っているのだ。「迷い」を判定する方程式は存在しないのである。人の世の迷いの多くは対人関係に由来するから人間観が大事で、中国古典では孟子が性善説、荀子は性悪説とされている。ただ当時は天を頂点とする道徳秩序の桎梏のなかにあり「疑疑亦信也」は革命思想でもあり、同時に個人を解放する原理でもあったのである。信と疑も天から個人まで貫くものなのであり、科学がそこで何か出来ないのかと夢想する。

「科学ってなんだっけ?」こんな経歴の人間がいまさら何をいうのかだが、こうした問いかけは若いときに自分を惹きつけた〝科学的〟という営みと『職業としての科学』（拙著、岩波新書）の関係に発する。科学的とは今風に言えばクリティカル・シンキング、批判的思考、と重なる。パースは科学を一般に疑念から信念に到達する四つの方法の一つとして位置付ける。気にいるもので信念を固める固執の方法、固執の方法を集団で組織化した権威の方法、数学のような理で信念を固める先天的方法、そしてこれらの陥穽を排した科学の方法である。偶然的な気分や、社会的ヒステリーの影響や、理の恣意的操作を避けるという消去法の規定に過ぎないが、科学の特徴はチェック機能を人間界の外側に広げていることである。筆者はここから「科学は権威がこけていく物語」であると言っているが、人類社会をリフレッシュする大事な機能をもっている。本書がクリティカル・シンキングの一助となることを願っている。

しかしクリティカル・シンキングがハウツーもの、ツールものに成り下らないように「博學而篤志、切問而近思。仁在其中矣。」という「論語」の句をバインドしておこう。「博く学びて篤く志し、切に問いて近くに思う。仁その中に在り」と読む。この句からは博学、篤志、切問、近思という語句がうまれ、とくに「切問」、「近思」は、江戸時代、学問を志す若い学徒の合い言葉だった。「切問」とは納得のいくまで切々と問いかけることであり、「近思」とは自分に引き寄せです我がこととして考えることである。

多くの人々が自分で考える力を鍛えることで世間での言論の力が向上するのを願っている。

第1章　大森荘蔵「時は流れず」、量子力学90年「汽車が別れをつれてくる」

いまNow問題とは

京大退官後、一三年もお世話になった甲南大学を退職して定期的に出勤する職場がなくなると、定期的に家に届く雑誌に以前よりもよく目を通すようになった。米物理学会系の月刊誌「Physics Today（AIP）」二〇一四年三月号の投書欄を見ていたら「Nowについて私が考えること（What I think about Now）」という記事が目に入った。書いているマーミン（N. D. Mermin）（一九三〇〜　）は切れ味のいい量子力学論者の一人であり気を引かれた。彼は二〇一二年七号にも「量子力学――策略に富む分裂（shifty split）」を書いており健在ぶりをアピールしていた。そこでは物理学者の確率観念が実在論的過ぎるとしてベイズ流の確率観念で量子力学を書き換えるQBism（quantum Bayesianism）を勧めていた。今度は時間論か？　と思ったが、これも量子力学もので、確率論とはまた違う切り口である。

近年、私は「量子力学は人間の特殊性を炙り出しており、この普遍性のない人間の学問とは如何なるものかという学問論を量子力学は提起している」という見解を『量子力学のイデオロギー』、『量子力学は世界を記述できるか』（何れも青土社）、『アインシュタインの反逆と量子コンピュータ』（京都大学学術出版会）といった著作で表明している。そういう近年の自分の関心からするとマーミンがいまNowという時間論を持ち出してきた意図は何かと気になったのである。

「Physics Today」誌に量子力学関係の論文が載ると数号後に必ず賛否両論の投書がでる。今度も早速ベルグソンやハイデガーを持ち出す投書も幾つか現れたが、その一つにハートル（J. Hartle）のもあった。彼も私よりは年上の長年の友人なので、「ああ彼はまだ元気なのだ」という安堵情報ともなった。読むと彼も以前に「Nowの物理学（The Physics of Now）」という論文を書いていることを知った。ハートル＝ホーキングの無境界宇宙で彼の名は広まっている。宇宙を特別な存在と考えれば、色々な宇宙が可能になる初期条件を持ち込む余地がない原理が存在すると考え、こうした原理として虚数時間を用いて時間方向も閉じていて境界がない理論を一九八〇年頃提案した。しかし、学位論文は量子力学の論議だったと聞いたことがあった。

過去・現在・未来

日常用語の時間概念には過去、現在、未来の区別が必須である。だが物理学の時間にはこの区別が内蔵されていない。可逆な現象を扱う力学の法則で登場する座標時間には過去と未来の区別はなく、二次的に付与せねばならない。熱力学で扱う現象は非可逆であり過去と未来が区別されて、因果関係を語れる。ただし何れにおいても現在という観念は立ち現れてこない。過去は過ぎ去った実在であり、未来はまだ来ぬ実在であるから、実在しているのは現在だけである。その一方、過去の記録は確かな実在だし、未来も現在の消滅の代替として必ず立ち現れるものだから現実と同程度に実在だともみなせる。むしろ現在の瞬時性が実在の要件を危うくする。ハートルがいうように「現在」の観念を登場させるには継起する現象の計測情報を順次有限時間蓄積し、絶えずそれを入れ替える存在を導入する必要がある。すなわち、物理現象の中にこのような計測して情報処理をする観測主体を追加導入して初めて「現在」は現れるという議論がされている。第4章にいう有人物理に相当する。

時間——座標と因果関係

その少し前、全く別な流れで月刊誌『数理科学』（サイエンス社）の編集部から時間論特集（二〇一五年一月号）の編集を依頼された。この雑誌は数学の周辺のテーマで特集を毎号やっており、時間論は何回目かの定番テーマなのだと思う。引き受けた時ふと浮かんだフレーズは「座標と因果関係」であった。因果関係を整理し表現する座標というツールとしての時間という意味であり、暦から素粒子実験までの時間測定のテクノロジーと曲がった帳面と言える四次元時空などをテーマに特集を組んだ。短い巻頭言を書いたが、冒頭にNHKの気象キャスターでかつて親しまれた倉嶋厚（一九二四～　）の生い立ち記にある次の文章をもってきた。

「病気がちで引っ込み思案で気の弱い、（父親が）晩年の子の私は、十七、八歳のころ、ひどい神経症にかかった。錯乱の寸前に見えたと周囲の人があとで話してくれた。その時、父は『お前の心配事を縦に並べて見られないか』と言った。紙の上に一本の時間軸を引き、一番近い心配事から順々に遠い心配事を書いていくと、心配事は縦にならぶ。『いまのお前は横に並んだたくさんの心配事に攻め立てられて、何もしないでおびえているだけだ。縦に並べれば、当面の敵は一人だ。それと闘って、また次の相手と闘う。闘い続けて、お前がやぶれたとしても、それは仕方がないじゃないか』……。

テレビの対談で笑福亭鶴瓶さんにこの話をしたら、『倉嶋さん、当面の敵を一人にしぼるという点は、喧嘩するときも同じですよ』と言った。組織内での改善策の提案などについても、同様かもしれない」（『日本の空を見つめて――気象予報と人生』岩波現代文庫）。

不安に苛まれている息子に対するこの父のアドバイスは縦の時間軸に沿って繋がっている不安をならべてみろ、である。同列に横にならべると焦点が定まらない、縦にならべて現在に集中しろと。これはあたかも「ミンコフスキー四次元時空で悩みを整理しろ」と言っているようなものである。自分がどうにかできるのは光円錐の頂点、すなわち「現在」だけだからキョロキョロするな、と。

アインシュタインのNow問題

時間や量子力学をめぐる論議は深遠で深刻に見えはするが、見方を変えると長年の手垢がついていて新鮮さと驚きに欠けるマンネリ臭のする課題でもある。そういう些か覚めた気分をひっくり返すインパクトがマーミンのNow論議にあるのか？　という気分で横目にフォローしてみたが、次第に引き込まれていった。

マーミンの問題提示はいつも切れ味がいい。いきなりアインシュタインと交流のあった論理実証主義の哲学者カルナップを引用する。カルナップは書いている。

「アインシュタインはNow問題が彼を悩ましていると言っている。Nowの経験は人間にとっては特別なものであり、過去や未来とは基本的に異なるものである。ところがこの基本的な違いが物理学には存在しない。この「現在」感覚が科学で捉えられていないのは悔しい（painful）ことだが、あきらめざるを得ないのだ」。

カルナップを引いてマーミンの指摘していることは、量子力学だけでなく、相対論の進展がもたらした新しい時間論にもアインシュタインが不満であったということだ。これを加えるとアインシュタインの不満リストは次のようになる。

A　確率記述

B　エンタングルメント（量子もつれ）

C　Now 問題

アインシュタインの不満とは、要するに多くの研究者に定着した現代物理学の捉え方である。彼をゴッドと仰ぐ多数の物理学者と彼の気持ちがすれ違っているのである。コペンハーゲン解釈に対する不満がA、Bであり、それに対してCは主観的時間と相対論の時間とのずれである。

ダブルのスキャンダル

AとBは量子力学が物理学が持ち込んでいるツールを理解しないと分からないが、Cは、誰でも経験する主観的時間を物理学は表現できていない、というだけの話である。力学は二つの事象の結びつきの強さを記述するが、過去と未来、原因と結果の指定には中立である。まして倉嶋の父が語るように、主観的「現在」には過去・未来と質を異にする切迫感、現実感、臨場感あるいは実存といったものがある。しかしその対応物は物理理論には存在しない。もちろん多くの科学者はこの差を知っているが、それは物理学の課題ではないとして「不満」表明などしない。つまり主観時間の課題は認識主体の課題であり、客観的（人間がいなくてもある）外界を扱う物理学の範囲外だというわけである。これを「不満」とするアインシュタインの思考には、アインシュタインのフォロアーを自認する我々物理帝国の兵士達は当惑するのである。

量子力学の創造者でもあるアインシュタインが現在定着しているコペンハーゲン解釈に不満を表明したことは私の近年の著作のテーマでもある。スマホの情報通信からDNAのバイオまで、二〇世紀におけるミクロの世界に踏み込んだテクノロジーを理論的に支える物理学の基礎が量子力学と相対論でありそのアイコンがアインシュタインである。ところがその張本人が現代物理学に不満を表明していたのである。一九二五から六年にハイゼンベルグやシュレーディンガーが提出した理論形式が「完成品である」ことをアインシュタインは認めなかった。これは一種のスキャンダルである。従来は相対論の時間論からして量子力学に不満を持っていたと解されるEPR（アインシュタイン・ポドルスキー・ローゼン）のような問題もあった。だから量子力学と相対論どちらにも不満であったというのでは、スキャンダラスさがダブルになるような話だ。

量子力学九〇年のいま

この量子力学「創業者」同士の意見不一致騒動を忘却してはいけないと私は言い続けている。これは決して「アインシュタインが正しい」とか言いたいのではない。大きく言えば、人類の営みの中で科学がどういう特殊性と限界を持つものかという問題意識がそこに存在するからである。ニュートン以来とも言える大きな変動期における問題意識の深化を写すのがこの「お家騒動」なのである。

量子力学に基づくテクノロジーの巨大な進歩を経た現在、九〇年前の創造期をもう一度想起する必要があると私は考える。ここでテクノロジーの進歩とはトランジスターやレーザーといった民生技術というだけでなく、二〇一二年のノーベル物理学賞の対象であった「個別の量子系を測定し操作することを可能にする画期的な実験方法の開発」をも含むものだが、両者は連動したものである。こうした進展によって「ボーア・アインシュタイン論争」（『ニールス・ボーア論文集1 因果性と相補性』山本義隆編訳（岩波文庫））の想像力を上回る「個別量子系の操作」を可能にしつつあると言える。

物理学の本流ではしばらくこの「お家騒動」には目をつぶってきたが、隅っこでは量子力学における「解釈」、「観測」、「測定」問題という議論は継続していた。しかし解釈・観測・測定という言葉で表現される課題設定はすでに客体と認識主体の関係について偏向がある。それは主体が客体に介入する技術の発想の欠落である。すなわち従来の姿勢は傍観者型であり、「操作する」という参加者型の技術の発想が欠けていた。ここで「技術的」という言葉を「産業的」の意味でなく哲学的に使っており、参加者型においてしか実在は表出してこないという意味である。傍観者型では主体と関わりない客体を夢見ており、それをむしろ客観的真理の根拠にしようとする。そしてNow問題を物理学から切り離す態度はこの立場に無意識にはまり込んでいるのである。

従来の観念では「観測」や「測定」は客体に擾乱を与えるとして、無媒介的に設定した客観に接近できないという撞着に至ったのである。こういう発想に流れたのは単純に「操作」のテクノロジーがなかったからである。理論上の論争とテクノロジーの進展は違うと考える習性が蔓延している。ここは「人間とは何か」に関わるポイントである。

いま「お家騒動」を想起する必要があると言っているのはこの新技術時代のなかで量子力学の位置付けが変わっていくという意味である。創業者の精神を体して理論を応用していくという態度ではなく、応用によって創業者の精神性を乗り越えるべきなのである。私はよく「科学は権威がこけていく物語である」と言っているが、これが科学の開放性であり、小気味よさの美学であろう。

時間論と量子力学の絡み

「アインシュタインの不満」に話を戻す。マーミンの新機軸は量子力学への不満（確率非因果律、エンタングルメント量子もつれ）と時間論のNow問題を絡み合ったものとして一挙解決しようという意図である。これまで、時間論は相対論の課題とされたが、量子力学と絡めないとNowは扱えないということになれば、認識主体を排除した量子力学は不可能になり、科学は自然に自存するものでなく人間の創造したツールとなる。

もっとも一気にそこまで飛躍してもフォロアーは一人も現れないだろう。私自身もすっきりとそんな風に割り切れている訳ではない。ここまでラディカルになるのは躊躇していて量子力学の二重構造（情報処理ツールと時空上の物理的存在の法則）という折衷案を私は考えている。シュレーディンガーの波動関数や状態ベクトルといった「hのない量子力学」の部分は情報科学のツールだというマイルドな日和見派だ。日和見派は周囲をキョロキョロ見張らねばならず絶えず勉強しなければならないから大変である。ただ、影響が及ぶ範囲を予め示しておかないと局所に囚われて全体が見えなくなる。

時は流れず

私自身も時間論を量子力学に絡める議論を提起したことがある。一九九五年から九七年にかけて、『現代思想』誌に「量子力学のイデオロギー」を連載しているときに、大森荘蔵の『時間は流れず』にある「過去の制作」という議論とEPRパラドクスを絡めた議論を提起した。これが大森を刺激したようで、彼の絶筆となる「量子論問題の病因と治療（未定稿）」（『現代思想』一九九七年五月）を書かせた。この文章の冒頭に経緯が書かれている。

「私の提案した過去論が量子論の諸問題と何らかのかかわりを持ちうるということについては私には何の考えもなかったし私の視野にも入っていなかった。ところが本誌十二月号に掲載の佐藤文隆氏の論考とそれに続いて私に寄せられた同氏の私信を読むにおよんで私の考えは一変してこの関係を追究してみようと思うに至った」。

この文章には丹治信春の後書きがついている。

「この論文は本年一九九七年二月一七日に逝去された大森荘蔵氏の絶筆である。昨年一一月に執筆された。本文と註で明言されている通り、量子論問題と過去論との関係について、執筆途中で考えを変えられている。もし大森氏がお元気であれば、全面的に書き直されたものと思われるが、もはやその時間はなかった」。

大森は、過去論に引っかけた私の議論に刺激されて量子力学に立ち戻って考察するうちに、まず物理学者の習性になっている「点描法（ポインティリズム）」という深刻な陥穽の方が問題だと考えた。以前にも議論している世界の「点描法」を克服することなく過去論の打開もないという方向に変わったようである。『大森荘蔵著作集第9巻』の野家啓一による「解説」で触れられているように、大森の旧論文に「刹那仮説とアキレス及び観測問題」という量子論の観測問題に触れたものがあり、そこにお里帰りしたところで途切れてしまったのである。私は三島市でひらかれた研究会で彼の前で喋った記憶があるが、大森は杖をついていたが意気軒昂だった気がする。この大森の「点描法」批判がまさに冒頭で記したアインシュタインのNow問題にも関連してくると考える。

「点描法」科学への大森の不満

大森の未定稿の「絶筆」の文章はこの辺りから構想の大筋のみを示す項目列記の形になる。そのあらすじは量子力学を超え、物理学を超え、それを基礎にした科学全般に及ぶ批判の表明となっている。大森の議論はまず二〇世紀初頭のラッセルのパラドックス、ヒルベルトの非ユークリッド幾何学、ゲーデルの不完全性定理、コーヘンの連続体仮説、などの議論がもたらした「数学基礎論」の展開にふれ、「この数学基礎論の探求によってパラドックスは十分な分析をうけて無害化されて現在「数学の危機」を言う人は一人もいない」ことを踏まえる。その上で物理学はこの基礎づけの作業を行っていないと大森は指摘する。そしてこの怠慢の影響は「物理学の場合には数学の場合とは異なって事態は更に深刻で困難は一段と拡大するのではないかという恐れがある。というのは、ここには物理学を超えて自然科学の全分野に共通する基本的表現方式がその影を投じているようにみえるからである」。

「その基本的表現方式とは世界の科学的描写にあたって各粒子の時間的空間的な動きを連続的に追跡するという自然科学者にとっては第二の天性ともなっている表記法である。この表記法の起源は古く、アリストテレスを含んだイオニアの自然学者に既に見られ、アルキメデス、ガリレオを経て現在にまで連綿に続けられてきたもので、印象派後期の発明である「点描法」の名を借りて私が点描法と呼んでいる表記法である。その現代における華麗な実例は分子生物学の書物を開けば至る所で見られる」。「周知の様に量子力学は構造的に点描法を拒絶する」「一六・一七世紀の科学革命から数百年の間いわば潜伏期にあった点描法ウイルスが長い潜伏期を持つＨＩＶウイルスに似て二〇世紀初頭の量子論という点描法のギリギリの限界に至る理論に出会って遂に発症したのではないだろうか」。

「しかし、今世紀の物理学者は事態の深刻さに気付いていないように見える。事の原理的な層を棚上げして、点描法を適当に量子論的に修正してその場その場をしのぐという場当たり的方策に馴れてしまっているように見える。超新星からブラックホール、カミオカンデによる太陽ニュートリーノの検出、常温核融合から蛍光灯の発光、トンネル効果顕微鏡に至るまでの「素人さん向き」の説明をみればそこに量子的調整を施した点描法の手法がみえみえではあるまいか。これこそまさにニュールス・ボーアのコペンハーゲン精神の発露というべきかもしれない」。

大森はこのように想起する問題点を足早に記したのちに、「いずれにせよ、量子論問題の徹底的究明は来るべき二一世紀にまで持ちこされるだろう。その大スペクタクルを見物できないわれわれの年齢の者には残念至極なことである。／この小論を私は「過去論」との関係から始めたがこれは全くの見当違いで「過去論」のでる幕がないことは十分に確認されたことを付言しておく。したがってこの小論はセレンディップ（思わぬ拾い物）の一例ということになるだろう」と締めくくっている。私はこの「セレンディップ」を撒いたことを誇らしく思うとともに、この文脈の背後にある真意を十分には掴みきれておらず、重い宿題を抱えている神妙な気分でもある。

「過去の制作」

アインシュタインのNow問題がきっかけで話が私の大森との交流に飛躍したが、大森の絶筆での課題には第3章でも触れることにして、ここで再び時間論に戻る。大森を刺激した私の主題は「過去の制作（ポエーシス）」論を量子力学に絡めたことであった。「主体」を取り除いた客観世界では未来は未定だが過去は既定とするのが常識的である。「制作論」はこれを批判して「恐竜の骨が過去を制作した」という。常識派は「それは過去に具体的な中身が詰ったのであり、中身がまだなくても過去自体は実在だ」と反論するだろう。たがこの常識論は中身が全くない存在があるという「ゼロの発見」のような大胆な飛躍をしていることを自覚すべきである。

大森のいう「周知の様に量子力学は構造的に点描法を拒絶する」とは観測での「波動関数の収縮」のことを指している。私の議論のポイントは、点描法でない情報の継続を点描法的に因果関係として制作するのが古典力学的な「歴史」であるとするハートル達の量子力学解釈に触れたことであった。「思い出」としての過去は因果的、合理的に整序されているものである。それを「制作」であるとするのは説得性がある。だが常識的には「思い出」と客観世界の過去を混同すべきではないと反論するだろうが、量子力学は客観を語っているのではなく、「客観と主体の関係」を語っているという見方に立てば「制作論」が再浮上する。ここでも明らかなように「過去」は因果的であり合理的であり科学の議論にのりそうである。それに対してNow問題というのは時間論としても扱いにくそうである。私は木村敏の「リアリティとアクチュアリティ」に絡めて量子力学の時間を論じたことがある（中村雄二郎・木村敏監修『講座 生命 2000 vol.4』河合出版）。

「汽車が別れをつれてくる」

キャッキャッした番組に辟易しているので、聞き流しでテレビを付けておく時にはよくNHKBSの演歌番組をつけておく。するとふと「汽車が別れをつれてくる」というフレーズが耳に残った。iPadで検索してみると簡単に大月みわこの持ち歌である「女の駅」の歌詞にたどり着けた。

「女の駅」
もういちど抱いてね　あなた雪が泣く
おんなの未練ね　あなた口紅が泣く
朝がせつない　いで湯の駅は
ついて　ついて　ついて行けない
汽車が別れをつれてくる
（作詞　石本美由起）

私が大森に絡む機縁は彼の「時は流れず」という本のタイトルであったが、人の世の時間はこの演歌に歌われた情景のように切なくも抗しきれない流れとして捉えられている。

このフレーズが気に止まったのは前段の情景との繋がりもなく、汽車の到着が心ときめく未来の到来であるというメタファーを裏切ったからだろう。この汽車はNowを断絶するもののメタファーとして登場している。汽車がやってくるのは地球の回転で夜を朝に変えるからである。過去は既存であり、存在し続けるから消滅の切迫感がない。言い方を変えれば消えるべきものは消えた後の残滓が過去を構成する。無意味な過去は朝のごみ収集車に回収されていって「過去の制作」に与らない。

Nowは正に「波動関数の収縮」前の重なった状態である。拙著『量子力学は世界を記述できるか』第5章で論じたように、「多世界解釈」は無数の主体を導入して消えないNowを保持しようとしているが、これはアインシュタインの主観的「現在」には馴染まないものである。コペンハーゲン解釈での「選ばれなかった世界」の処理問題を私は提起しているが、「現在」と「過去」の差はこのギャップが醸し出すものである。客観世界の「ついて行けない」合理的因果関係が淡々と進行していると見るべきなのに主体はそれをまだ受け入れない「現在」にあるのである。この未練がいっそう切なさを掻き立てるのである。

第2章　ゲーテの色彩論、「できちゃった人間」「青い地球は誰のもの」

京都賞、もう三〇年

二〇一四年の京都賞授賞式は晴天に恵まれ、開会前のお点前の接待の後にはみな外に出て紅葉を楽しみ庭園を散策した。毎年一一月一〇日に京都国際会議場で行われる稲盛財団の京都賞はもうこの年で三〇回目だという。私もこの十数年選考に与るものの一人として参加しているが、式典はまるでオペラかなにかの舞台のような趣向を凝らしている。壇上に関係者が着席すると京都市交響楽団が京都賞祝典序曲を奏で、続いて能が奉祝されて、贈呈式にはいり、終わって女子小学生の合唱に続きオーケストラのモルダウ演奏でしめくくられる。

京都賞は毎年三部門（先端技術、基礎科学、思想・藝術）の三名に授与されるが、二〇一四年度は、各々、ランガー博士、ウィッテン博士、志村ふくみ氏に贈られた。数理科学のウィッテンは二〇年ほど前に村田機械が行っていた青少年に向けた科学講演会の講師に招かれて一九九四年に入洛した折に、私は講演会の司会や雑誌記事のインタビュー（『クオーク』一九九四年八月号、講談社）をやったことがあった。当時ウィッテンはまだ四〇歳ぐらいで、一九七〇年前後の学生時代、反ニクソンの大統領選挙でマクガバン陣営の選挙運動に熱中したことなどを闊達に話してくれたのを思い出した。受賞三氏のうち二人はアメリカ人なので、キャロライン・ケネディ駐日大使がオバマ大統領の祝辞を代読した。

色彩と自然

今回の話は私の専門にも近いウィッテンについてではなく、草木染めの志村氏の営みから飛んだ思考である。眼前の自然をそのままに生かす志村氏の営みと自然を原子や素粒子の世界にバラバラに分解したミクロの世界の量子力学とはいろいろな意味で対極であるが、自然と人間をどう位置付けるかという学問論のなかでこれらを結んでみようという離れ業をしてみたい。

志村氏への贈賞理由には「民衆の知恵の結晶である紬の着物の創作を通して、自然との共生という人間にとって根源的な価値観を思索し続ける芸術家」とある。「太古から連綿として世界各地で行なわれてきた」「草木染めは、多種多様な植物、すなわち自然そのものから色を得る行為であり」「それは、大自然の循環に心身を委ねること」である。氏はまたゲーテやシュタイナーの色彩論をふくむ古今東西の色彩論を巡礼し「透徹した思索を重ね、その成果を多くの作品と著作に結実させた」。こうした「志村氏の紬の思想は、〝人間存在を自然の中に織りなす柔らかな思想〟として人類の未来への示唆に富むものである」。

ゲーテの色彩論

この志村氏の営みに傾倒していない私にはそれを論評する準備はないが、ゲーテの色彩論については自分なりに折に触れて考えてきた経緯がある。志村氏の営みは最近のエコブームの風潮に埋没しない意味を持つものと思うが、「ゲーテと志村」はこれからの宿題として、今回はゲーテの色彩論を論じてみたい。

まずその外周を回遊してみる。ゲーテ（一七四九～一八三二）とはあの文豪のことで、彼はイタリア旅行以後に形態学と色彩論の自然科学に傾倒した。しかしこの文化界の巨人の主張を科学は無視した。この一件は、アインシュタインとボーアのような量子力学の創業者同士の対立と同じように、科学界は忘れずに問い直すべきテーマであろう。

目の前にゲーテ生誕二五〇年記念出版と銘打って一九九九年に出版された高橋義人・前田富士男訳『色彩論』（工作舎）の箱入りの立派な本があるが、一言で要約出来るような代物ではない。実験や観察の事実を記述する枠組みがいまと全く違うのである。とくに「教示編」、「論争編」の具体的事例は実験の想定などで誤った記述も多く、そうしたトリビアルなミスを分別しながらこの著作が現代に持つ意義を汲み出すのは至難の技である。それに対して「歴史編」は一九世紀の一〇年代頃までの、色彩だけでなく、自然の科学を語ったギリシャ以来の人物批評であり、ゲーテの学問観が随所で吐露されており、現代人にも読めるものである。手軽にこの古典を味わうには木村直司訳『色彩論』(ちくま学芸文庫)、菊池栄一訳『色彩論——色彩学の歴史』(岩波文庫)がある。

現代に問うものは?

科学はこの本が刊行された一八一〇年代までとそれ以後では大きく変貌した。科学とは実験と合理を手法とする知識の枠組みだが、ニュートン流はこの合理を数理と解することで成功した。熱と電気、化学と医学、学問が産業と結びついた社会的拡大、また、博物学、考古学から進化論に至っての社会思想への影響、これらは皆ゲーテ後である。だからゲーテの主張は現代科学に通底するものではなく、単純に理系と文系の境界領域を指摘する穏当なもので、現代科学への攻撃ではないとも言える。私の暫定的な見方では、現代科学が「限定された」ものであることの認識を促しているものであり、その意味で現代科学に〝手を突っ込む〟主張をしているのだと考えている。

すでに「色彩論」の刊行から二〇〇年の歳月が経過し、初めの一〇〇年は注目が皆無だった。科学界はニュートン流科学の快挙に沸き、より多くの人々に物質的豊かさを届け、解放の思想として人々の精神的の自由を鼓舞した。ところが二〇世紀に入る頃から科学と技術の急激な膨張が伝統社会の精神的支柱を崩壊させ、混迷した浮遊感に放擲され、さらに世紀の後半では核兵器や環境破壊をもたらした。こうしたなか二〇世紀初頭にはシュタイナーによる「色彩論・科学論」の読み直しが行われた。ゲーテ自然科学の現代的な入門には高橋義人『形態と象徴――ゲーテと緑の自然科学』（岩波書店）を薦めする。

ハイゼンベルグ経由のゲーテ色彩論との遭遇

私は大学で物理学の道に進んで直ぐに、偶然、ゲーテの色彩論に遭遇した。理工系の基礎である量子力学を学習すると、「ハイゼンベルグの不確定性関係」など、教科書はハイゼンベルグとシュレーディンガーの名前で満ちている。この名前に吸引されてハイゼンベルグ『自然科学的世界像』（田村松平訳、みすず書房）を手にした。翻訳者の田村は京大教養部での最初の物理学講義の教師だった。

ハイゼンベルグがゲーテ色彩論に触れた部分を長いが引用してみよう。

「電気と磁気と光学の現象とが同種の現象であって、同じ単一なマックスウェル方程式に帰着せしめられるということこそ、疑いもなく第一級の発見である。他方において吾々は承認しなくてはならない、なるほど生まれながらにして目の見えぬ人も光学全体を学んでこれを了解することができはする、がしかしこうした研修によっては、光が何ものであるかについてほんの僅かな知識といえども獲得されるものではないと。生々しさと直接性とを断念すること――この断念こそはニュートン以来の自然の科学進歩のための前提であった――はまた、ゲーテがニュートンの物理光学に対して遂行した激烈な闘争にとっての真の根拠をなしている。この論戦を重要ならざるものとして忘れてしまうことは浅薄であるだろう。最も有名な人の一人がニュートン光学の進歩を攻撃するために全力をそそいだということには十分意味がある。ここでゲーテをなにがしか批判することができるとするならば、それは窮極まで徹底することにおいて欠けることがあったということだけである。彼はニュートンの見解を攻撃すべきであったのではなくして、むしろニュートンの全物理学即ち光学・力学及び重力法則が悪魔に起因するものである、と言わなくてはならぬのである。――これとは逆に、抽象的な自然科学があらゆるこうした抗議にもかかわらずいつも同じ方向に発展し続けているということは斯学の威力と内的斎合性の明瞭なしるしなのである。ここで忘れてはならぬことであるが、無論一部分はこうした威力は、抽象的な自然科学の助けをかりて技術的に世界を征服し得る可能性から生ずるものである」。

これは一九三二年の講演録「自然の物理的説明の歴史について」からの引用だが、それはハイゼンベルグ（一九〇一〜一九七六）が一九二五年に彗星のごとく登場し、続くシュレーディンガーとともに、ニュートン以来の大革命である量子力学が発見されたとの認識が広がった一九二七年からまだほやほやの時期である。彼はディラックと一緒に世界一周を行い、日本にもやってきて湯川秀樹（一九〇七〜一九八一）や朝永振一郎に影響を与えた。一九二九年のことである。

この本には一九四一年の講演録「現代物理学に照らして見たゲーテの色彩論とニュートンの色彩論」もある。第二次大戦後、彼は西ドイツの科学機構の指導者として戦後復興に貢献したが、折に触れてこの論点を提起した。一九六七年に仁科記念財団の招待で来日した際にも現代科学の「抽象化の危機」としてこれを語った。朝永振一郎も『物理学とは何だろうか』（岩波新書）でゲーテの科学批判を論じている。また物理学者のハイトラー（一九〇四〜一九八一）も『科学と人間』（岡小天・三木俊子訳、みすず書房）でゲーテを論じている。

視覚の科学に回収されるのか？

私自身の体験に戻ると、一九五〇年代、原子力が薔薇色に見え、その基礎の原子の世界に憧れていた青年にとってこのハイゼンベルグとの出会いは時期早尚であった。「奇妙な」ものに見えたが心には残った。「奇妙な」のは、量子力学で完成したと言える光の物理学は「ニュートン」

の延長線上にあるもので、ニュートンより半世紀以上後の世代の学者がこれに異議を唱えている光景である。科学と文学の両権威が切り結ぶことなく並立しているならいいのだが、この文豪は同じ対象の別の科学にトライした。もう一つ「奇妙な」のはニュートンからハイゼンベルグまでの物理学に何の寄与もしていないゲーテにハイゼンベルグが一目置いていることである。私のような「物理学の世紀」のど真ん中で心躍らせてニュートン物理学の門前に立った青年にはこの「奇妙な」事態を咀嚼するのは不可能だった。

この「奇妙な」ものが心に戻ったのは一九九〇年代以後である。拙著『科学と幸福』（岩波現代文庫）に記した「冷戦崩壊後」による基礎科学界をめぐる激震の経験後である。米物理学会の会誌 *Physics Today*（AIP, July, 2002）に N. Ribe and F. Steinle, "Exploratory Experimentation : Goethe, Land, and Color Theory" が登場するのも「生々しさと直接性とを断念すること」の危機を思い起こすためだろう。

自分では「相対性原理の限界を検証する」と位置付けている最高エネルギーの宇宙線を観測するある実験計画に関係したことで、大気中の視環境に興味を持つようになった。池田光男『目はなにを見ているか――視覚系の情報処理』（平凡社）、松田隆夫『視知覚』（培風館）、千々岩英彰『色彩学』（福村出版）などを乱読する中で「ゲーテ色彩学はデザインなどのアートの業界で回収されているのではないか」と思い、有村祝子・岡村美和『色彩と配色の基礎知識』（永岡書店）、堀田智木『色彩検定』（新星出版社）などでデザイン業界を覗いてみたりもした。確かに色彩を情緒作用に結び付けるのはこうしたデザイナーのアートである。そして現代流に考えれば、それらの背後にある科学は感覚の生理学、心理学、脳科学の課題であり、ゲーテの主張には二〇〇〇年のニュートン科学の拡大を経て結び付くのであり、対立的に見ることはないのではないか？「現代科学の限界を認識する」というよりは「限界なく対象を広げればいいのだ」と一時は思ったものである。

天地人の視環境

大気視環境の勉強の成果は拙著『光と風景の物理』、『火星の夕焼けはなぜ青い』、『雲はなぜ落ちてこないのか』、『夏はなぜ暑いのか』（何れも岩波書店）などに書いた。自分なりに納得のいった一つの枠組みは、太陽という光源としての「天」、太陽光に透明な空気という「地」、その環境で視覚を獲得した「人」、の天地人の緊密な結び付きである。それこそニュートン流に現実を原子や波動の織り成す世界と見做すことの成果である。ただ視覚を脳細胞の発火を語っても所詮それは分子機械の作動であって、どこまで行っても美や崇高などの人間に意味ある価値には転嫁しない。せいぜいが脳の部位との対応を見出すだけである。神なき時代のバークの『美と崇高の観念の起源について』（中野好之訳、みすず書房）を見て示唆を受け、空や雲をふくむ風景の美が人類に与えた影響にも関心がいき、大気の視程や地形のサイズの比較なども考えてみたこともある。しかし風景と美の対応がつくだけで、風景が美の原因なのではない。

こうした思考の徘徊をピン止めしようとすると「知識の目的」が浮かび上がる。「色彩検定」で問う知識は外界の色と人間の情緒との「対応」あって、それはそれで有用な役立つ技術である。しかし一歩そこから、感覚と知覚の関係性という課題に進むとは哲学と科学の壮大な尽きない大海を漂流することとなる。ヒュームが言うように、経験主義で外界の実在が導けないように、知覚の起源を感覚に帰すことも不可能である。ここで知覚を基礎にした言語的合理性の認知作用の整流化を維持しようとする思想派と「不可能性」を根拠に無制限な解放を謳う思想派が登場した。近代思想の流転はこうした軸で見ることもできようが、ゲーテの科学論にはここまで話を広げる必要はないであろう。

ゲーテ推奨の雲の分類法

なぜならゲーテは実証と合理を基礎とする知識のあり方を論じているのであって、前記のように事態を捉えてはいない。彼にとっては人間とは「根拠がない」からといって動揺するような存在ではないからである。

私の、風景や雲の探訪の中で色彩とは別のテーマでもゲーテに出会った。こちらは科学批判でなく絶賛なので、彼の科学像を探る手がかりにもなる。この歴史についてはリチャード・ハンブリン『雲の「発明」』（小田川佳子訳、扶桑社）という読み物がある。ここでは高橋義人・前田富士夫編訳『自然と象徴――自然科学論集』（冨山房百科文庫）に訳されているゲーテの「ハワードを讃えて」という詩の一部を引用する。

（前略）
でもハワードよ　清らかな心もて
げに素晴らしき学説をうち立てた君
捉えにくくて　つかまえにくきものたちを
しっかりと　捉え　とどめてくれた君
定まらぬものを定め取り決め
適切な名前をあたえてくれた君　讃えるべき君
昇る雲　丸くなる雲　散っていく雲　落ちてくる雲
それらの雲に　感謝をこめて世界は君を思い出す
（後略）

英国のルーク・ハワードという無名の化学教師がアマチュアとして雲の命名法を提案し、文豪ゲーテがそれを絶賛して、英国でもハワードは脚光を浴びたという物語である。巻雲、層雲、積雲、などいった語彙の組み合わせで雲を命名するもので、現在の気象学にそのまま引き継がれている。これは気圧や温度のニュートン的気象学とも整合的な分類であり、なぜこれがゲーテの心とらえたのか一考の余地はある。

何から、何をみる

多分、ゲーテに至るにはまだ科学が制度化されていない身軽な時代に身を置いてみるべきだと思う。ナイーブに考えれば、古来、学問には次の二通りがある。

「世界を自分をとおして知る」
「自分を世界をとおして知る」

ここでは「自分」とは間主観的には「我々＝人間」のことであり、「知る」は伝搬可能な公共性をもつ知識である。これらは「人間を世界に外化する」、「世界を人間に外化する」と言ってもよい。一見すっきりした分類法だが、いまは誰も学問をこうは見ない。理由は「「人間」も生理・神経機能を備えた分子機械だから、「人間」と「世界」の二元論は古臭い」というものだ。

また逆に現代科学の科学的ワールドビューへの反動としてのホーリズムの萌芽もある。何れにせよ、二元論は時代を三〇〇年引き戻すものだと。

現代の自然科学のやっていることはむしろ、

「世界を世界をとおして知る」

と言える。現代の自然科学の興隆は「人間」の移り気で恣意的な頼りなさを排して、外界の確固たる理を基礎に構築したことに起因する。「世界」を分割して、分割された「ある世界」と「べつ世界」をつないで見せる。原子の秩序で人体の秩序を描く、などである。ここで「AをBをとおして知る」とは、使い慣れたBをホームベースにして対象Aを解明する、の意味である。自己言及に陥らぬように、他者Bの中にAを描く。Bは既知・制御可能・操作可能・表現可能、などの機能面において対象Aとは異なるが、同じ現実の存在がAにもBにもなり得るものである。最後に組み合わせを完結させるには、

「人間を人間をとおして知る」

という営みもある。ここでも「人間」も「いくつもの人間」に切り分けてつなぐ。何れにせよ、「分割して引っ付ける」では進歩はないようだが、分けると「別の引っ付ける」技術に進むから要素還元主義は強力なのである。こうやって「自分」の身体能力を遥かに凌ぐ力を人類は手にしてきたのである。

第三の世界の実在

この「結び換え」の知識が「自分＝人間」とその外の「世界」の合作で創造された人類独自の世界であり、「第三の世界」と呼んでおく。言語、数学、科学知識もここに入る。大事なのはこれが「自分」や「世界」と同等の実在性を持つことである。逆に、それが「実在性」の意味なのである。「AをBをとおして知る」のAとBに「人間」、「世界」、「第三の世界」の三つを当てはめる思考を膨らますことも出来るが、それをやりだすと三つの切り分け方、特に分家の「第三の世界」に他の二つの本家がどれだけ移譲するかという錯綜した議論となる。

三つの世界の設定で、ある世界をとおして他の二つの世界を知るという手法は物事の基準を明確にしてその限界も意識する発想である。誰かからお墨付きを頂いたというわけではなく、また進化論的にみれば何億年もかけた無意味の蓄積かも知れないが、我々がいま持ち合わせているものを基準にするという人間讃歌である。秩序の源泉は我々にしかないのだと。「人間を世界に外化する」とは、「人間」の価値を源泉として世界を創り出すことである。こうした営みは、普通は、絵画や音楽や身体表現などの芸術活動を思い起こさせる。

「できちゃった人間」

「できちゃった婚」というのがある。非合理でも「できちゃった」らしょうがない！　と。人間も非合理もいやらしさも全部内包してこう「できちゃった」のだ。これを必死に覆い隠すか、是認してそこに安住するか、是認しつつも理想を掲げて努力するか、を巡る騒動が人類の歴史であるといえる。

ゲーテに戻るため、近代思想勃興期のリード（一七一〇～一七九六）という思想家の言葉「人間の知ることは樹木に例えることができ、感覚は根、常識（共通理解 common understanding）が幹、サイエンスは枝である」を持ってこよう。リードはヒュームと同時代の人で、アダム・スミスの後任教授になった人物だ。「リードは人類共通な常識の諸原理を擁護し、哲学は常識を基礎にすべしと要求する。これは哲学的思弁の誇張癖や形而上学の夢遊病を修正するのに役立った」。しかし「常識学派は一九世紀終わりには権威を失ったが、彼の哲学はアメリカのパースのような個々の思想家に影響し続けた」（『岩波　思想・哲学事典』）。ゲーテに「常識」は似つかわしくないが、ここでいっていることとは、哲学的な「常識」とは人間賛歌という意味だ。「できちゃった人間」が幹なのだという視点はゲーテと共有されていると思う。

量子力学は「人間を世界に外化する」

青い地球は誰のもの

（作詞　阪田寛夫）

京都賞授与式の女子小学生の合唱は「青い地球はだれのもの」がフィナーレだ。合唱はこのフレーズの問いかけのリフレンに終始する。これが環境保護を謳うことは万人が了解しているが、この「誰のもの?」への応答が「人間だけのものでない」として人間の存在を消していくのか、「人間のものであるからこそ万物に気を使う必要がある」として賢明な人間存在への向上を誓うのか、自明ではない。私はゲーテの心情は後者なのではないかと思う。

現代科学はあまりにも人間を消してきた傍観者科学であるが、世俗を超越した「理」への憧憬がそれを強めてきた面もある。しかし、ホイラーのセリフ「量子力学は、実在の単なる観測者（傍観者）などではないことを示している。観測装置が実在の定義に介入するのだ。この意味で宇宙はぼそっとそこに存在するようなものではない」（拙著『科学者には世界がこう見える』第四章、青土社）が言うように、人間は隠れずに観測装置を世界に持ち込まねばならないのだ。もう逃げ回ることは出来ないのだ。一九世紀中葉の科学の興隆期、実験には人間の実存に関る自然哲学が組み込まれていたのだから。

第3章　無人物理か？　有人物理か？「こんにちは赤ちゃん」

議席数予想の報道

二〇一四年末の慌ただしい総選挙を終わってみると安倍首相の作戦通りに政権与党の安定さを見せつけた。報道各社の選挙予想で政権構造が変わらないことが分かってしまうと、選挙当日の緊張感もなくなり、戦後最低の投票率もうなずける。何か消化試合を見ているようだ。また毎回のことだが、選挙当日、一票も開票しない段階で報道機関は当選確実を出して、その都度、選挙事務所でのバンザイの光景がテレビでながれる。いくら出口調査をやっているからといって、せっかく投票に行った人々を愚弄するにも程がある。投票とは国民が民主主義の根幹である権利を行使する神聖な行為である。だから報道ではある種の儀式的な演出があって然るべきである。報道の自由もあるから予想禁止とはいわないが、当確報道は発表される票数の動向に基づいて行うようにして欲しいものである。しかも、その方が報道機関にとっても有権者を長い時間引きつけることが出来るではないか。

中小野党の予想はばらつき

それにしても事前予想がよく的中する実績があるから、現在のような白けた投票日風景になったともいえる。昔は固唾をのんで当日の開票速報に釘付けになったものだし、民主党政権登場の激変も予想されてはいたが半信半疑で開票速報に引き込まれた。

もっとも、今回の選挙では多党化した中小野党の消長は結構激しく、獲得議席数の予想もそれ程正確ではなかった。日本共産党の躍進は予想されていたが予想の議席数はばらばらだったし、また関西に地盤をおく維新の党の議席数予想には大きなブレがあった。結果は予想の最大値に近い議席数を確保して現勢力を維持した。実際、当確は翌朝にずれ込むほどの辛勝が多く、僅差だと予想は難しいことを示している。

世論調査

この議席数予想も選択肢の多い一種の世論調査である。議席数には実際の選挙という全数調査でチェックが入るが、世論調査ではチェックはない。世論調査というのは意見分布を知りたい母集団の中からほんの少数の標本を選び出してその意見分布の調査結果を母集団全体の意見分布だと主張するものである。このお手軽さの故か年がら年中やっているように見えるが、この世論調査は何を根拠に結果の確実性を主張しているのであろうか。もし世論予想の信頼度が十分高いのなら選挙や住民投票もそれで代替出来そうだが、そうならないのは投票が大事な権利の行使であるからだろう。信頼度に実感がない要因の一つにほとんどの人はそんな調査の対象に一度も遭遇したことがないからということもある。それにも拘わらずこの調査結果は疑われずに、その結果に基づいてマスコミや言論界はものをいい、政治自体も世論調査を根拠に動いたりする。だからますますその根拠が気になる。

全国調査のサンプル数は三六〇〇人

最近は世論調査の仕方は公表されている。例えば全国規模の母集団、有権者七〜八〇〇〇万人の意見分布などという世論調査でも標本数はたった三六〇〇人ぐらいである。聴き取り調査に応ずるかどうかの回答率が低ければ二〇〇〇人以下であろう。三六〇〇人を二万倍して七二〇〇万人だから、有権者数のオーダーである。ある個人に換算してみると二万回の世論調査で一回該当者となる程度の頻度である。日本で、全国規模の世論調査が年間二〇〇回ぐらいはあるような気がするが、これだと一〇〇人に一人が毎年調査を受けている勘定になる。成人の五〇年の間に一回も調査に遭遇しなくてもそう不思議ではなさそうである。

それにしても、二万分の一のサンプル標本で全体を予想するのは余りにも杜撰な気がする。しかし、そういう世論調査法の実験的検証を選挙でやっているともいえるが、こういう経験則としてだけでなく、実はその背景には予想の信頼度を定量的に与える数学理論があるのである。例えば三六〇〇人の賛否の標本調査で一八〇〇人が賛成と答えたとすれば、賛成率が五〇パーセントとなるが、別の標本の取り方をすれば別の比率が出ると思われる。しかし、標本のデータから計算できる分散という量を使うと、信頼度九五パーセントで賛成は四六・七パーセントと五三・三パーセントの間にあることをこの数学理論は主張する。九五パーセントの信頼度とはたとえこの範囲から逸脱するとしてもそれは二〇回に一回ぐらい以下だということである。

信頼度数字の実感

こういう信頼度という数字が計算できるのは「大数の法則」が前提とされているからである。そこでは一様な母集団からランダムに抽出された標本なら、標本が大きくなるにつれてその調査値は確実に一定値に近づくというのである。だがそんな数学理論を持ち出されても信頼度が数字で表されることへの違和感はぬぐい得ないものである。教祖や教師や政治家の言説に対する信頼度の強弱はあったが、それはせいぜい相対的な強弱を序列化で区別するのであって、「強弱」を数字で表すようなものではなかった。

この数学理論を使えば、設定された信頼度の結果を出すためにはどれだけの数の標本数を取ればいいかが計算できるのである。こういう数理技術は数理統計学として世論調査や市場調査だけでなく、生産工程での品質管理にも利用されている。ＩＴ技術の進歩で全数検査が可能になれば標本調査に頼らなくても良くなるが、さすがに世論調査ではしばらくは標本調査が続くだろう。とくに、数字を扱うＩＴＣ技術の遍在化がそうした流れを加速している。統計処理部分が瞬時に実行できるようになったので、気軽に濫用されることが気になる。学校教育に必要な学力調査なども本来は標本調査でいいのだが、母集団の差別的分類が目的とされるから、全数調査に流れる傾向にある。

中間的措置による人間解放

こういう数学定理が成立するには前提がある。どの部分をとっても一様なランダムさであるというものだ。しかしこういった仮定は現実に存在する母集団では完全には満たされてはいない。ランダムに電話番号を選ぶと言っても、いまどき固定電話を備えているのはある年齢層に限られるとかいった偏りがでる。だからいくら九九・九九パーセントは九五・五パーセントよりも信頼性が高いのだなどといわれても、この数字の意味は空虚である。

ともかく普通名詞で表現される信頼などというものは心の問題であって数学に分かってたまるものかという気にもなる。俄かに降ってきた原発の安全論議や低線量放射線の影響論議では安全や災害の確率といった多くのこういう数字が提示された。しかし、専門家や行政上の判断の基準としては有用なのだが、信頼度を数字で表現することで多くの人びとの反発を助長する結果になったのは不幸な事態である。たしかに言語で表現してきた事象の数字による表現は馴染めないものである。とはいえ、「一二〇パーセント愛している」などと日常言語への数字の進出もある。

しかし考えてみると、現代の貨幣経済の社会ではあらゆる事物や事象を数字で表現しているともいえる。そして贈与と従属で縛られていた人間関係から人々を解放して、個人をしがらみから解き放ったのは貨幣だともいえる。犯罪の軽重も裁判では禁固刑の年数や罰金額で数字化している。近代化のなかでは、一かゼロかの措置の中間の可能性に道を開くことが増えている。さらに数字に基礎をおく合理的な振る舞いを社会的公正の基準にしようという流れもある。いつまでも数字から逃避して済ませるわけではないのである。

未来予想、過去予想

標本で母集団を調査するという手法は静的なイメージであるが、数理的手法は時系列上での未来や過去を現在から推定することも多くの場面で用いられている。未来予測は賭け、景気、災害、気候など個人の決断から地球環境まで幅広く、過去予測も遺伝子鑑定、犯罪調査、公害病、考古学調査などである。そこではある事象とそれと結びついている過去や未来の時系列上の事象の間の結びつきを確定した因果関係と見ないで、その結びつきに複数の可能性を前提してその結びつきの強度を確率pで表現するのである。一義的な因果関係なら一つの可能性にp＝1の数字を割り振り、他の可能性には0を割り振る。そして、一般には0＜p＜1という確率が割り振られる。複数の可能性に結びついているために推論過程のステップが進むにつれて次々と多くの事象を巻き込んでそれらの確率が計算されていく。こうした確率論による推定の数理としてベイズ理論がある。ベイズは一八世紀半ばの英国長老会派の牧師であり、科学的手法を、ニュートン流の厳密な因果関係の下にある機械的世界観の枠を超えて、諸経験の合成による推論をめざす経験主義の技法ともいえる。現在はデジタルデータとコンピュータの登場でこのベイズ推定法が大ブレークしている。最近、統計学の数学本が大売れだと聞いた。

天気予報の主観と客観

日常的な未来予想の確率は天気予報で使われている。気象庁のHPのQ＆Aに次のような文章がある。

「東京地方の正午から午後6時までの降水確率は70パーセント」を例にします。気象庁の降水確率は指定された時間帯（ここでは正午から午後6時）の間に1ミリ以上の降水の降る確率と定義されています。降水確率は降水の有無のみについて確率を示すもので、降水が連続的か断続的か、一時的とすればその時間帯のどこかなどの雨の降り方や1ミリ以上のである限り降水量の多少については何も示していません。予報が出される地域内のどの点でも同じ確率として定義されます。よって、例の意味は「東京地方のどの地点でも正午から午後6時までの降水量の合計が1ミリ以上となる確率が70パーセントである」ということになります。なお、降水確率が70パーセントというのは「70パーセントの予報が100回出されたとき、およそ70回は1ミリ以上の降水がある」ということを意味しています。

そして「降水確率はどうやって決めるのですか?」という問いには「過去の大気の状況（湿度、温度、風向・風速など）とそのときの雨の有無の関係を調べておき、将来の大気の状態を数値予報という手法を使って予測して、雨の降る確率を求めます」と答えている。現在の掌握と未来予測理論の不完全性に由来するというわけだ。「不完全の」幅の大きさが確率を決める。

前半でいっていることは、七〇パーセントとは、東京の七〇パーセント以上の面積の地域での降雨とか、六時間×〇・七＝四・二時間以上の時間降っているとか、一ミリ×〇・七＝〇・七ミリ以上の降雨とか、という意味ではないということである。そうではなく七〇パーセントとなるこの言明の信頼度だというのである。野外でのイベントの開催を挙行するか中止するか決めるためなどのように、天気予報への社会的需要は結構高いが、信頼度七〇パーセントで降雨と言われても迷ってしまう。一〇〇回で三〇回間違うとは四回に一回以上は間違うということだ。四本の一つが間違いくじだとして、それを引くことに賭けてイベントを決行するかどうかは人間の性向による。決断とは現実でない可能世界を複数列挙してみて、そのうちから選択することだ。この選択の過程では外界で何も起こっておらず完全に主観的な過程だ。ただこの可能世界の列挙、すなわち主観世界で重なって存在していた可能世界の一つが外界の客観世界で現実化するということは「主観と客観の共同」で演出される過程である。

「可能性の束」

英語でも physically impossible という言い方があるが、「物理的に不可能」という表現は、梃子でも動かせない、人の気分や配慮や社会的合意とかではどうにもならない、必然性、強制力、頑固さを持った拒否に用いられる。物理的と物理学は違うとは言え、物理学のイメージにはこういう「人の気分や配慮や社会的合意」とかを排除した客観性を強調するものがあるのは事実であろう。

政治学者丸山真男は次のようにいっている。「現実というものを固定した、でき上がったものとして見ないで、その中にあるいろいろな可能性のうち、どの可能性を伸ばしていくか、あるいはどの可能性を矯めていくか、そういうことを政治の理想なり、目標なりに、関係づけていく考え方、これが政治的な思考法の一つの重要なモメントとみられる。つまり、そこに方向判断が生れます。現実というものはいろいろな可能性の束です」（拙著『量子力学は世界を記述できるか』青土社）。「物理的に不可能」と「可能性の束」は、人間世界の見方としては鋭く対立する。われわれは世界を「可能性の束」とみて、もっと能動的に発想すべきなのであろう。

お天気の予想を含めて現実は確定的でないことに満ちている。それを「確定しているはずの現実を知ることができない！」という欲求不満の苛立ちで現実に接するか、それとも現実は「可能性の束」であり主体の関与の余地があるのだというポジティヴな態度で現実に接するか、それこそが「主観と客観の共同」過程のハンドリングの課題である。「降雨」もそれに関与する主体を含めれば多彩な現象となる。現実を傍観者的に眺めるのではなく、丸山の文章でいうような、「政治の理想」に限らず、ある意図を持って参加者（介入者、participator）として行動する際の、「主観と客観の共同」過程である「可能性の束」のハンドリングに合理性を持ち込むものとして確率というツールがあると見ることが出来る。

確率理論の発祥

確率にまつわる話を思い起こしてみる。主観的な複数の選択肢の存在は希望と不安の源泉である。人々は、古来、この事態に、占い、御託宣、悟り、帰依、決断、結果責任、団結、投票、くじ引き、民主主義、多数決、世論調査、リスク分散などなど、さまざまな手法で対処してきた。そして確率の数学もその系譜に連なる。選択を客観化して民主主義世界での合意形成を合理化する試みであるともいえる。

歴史的には、賭け事や経営や戦争や株式市場での選択の戦略に合理性を高める数学である。戦略などというと、行動的人間だけが関係していて、そういう連中が社会を掻き回すから世の中がガタガタするのだとして、そういう数学自体を悪魔の学問だと批判する向きもあるが、どんな人間にとっても未来選択に不安は付きもので、ポジティヴな不確実さに目がいくか、ネガティヴな不確実さに目がいくかの差といえる。

その発祥からいっても確率には客観確率と主観確率の二つがある。基本概念である「確率とは何か?」にはずいぶん違ったことをいうが、数学ツールは同じである。客観確率とは認識者不在でも実在するものである。主観確率といっても先述のような「主観と客観の共同」過程のことである。客観確率では認識者を一切排除しているようにみえるが、多くは現実には想定された認識者の情報の不十分さに由来する確率での記述である。例えば気体運動論の分子カオスは不完全な情報での記述に由来するランダムさである。厳密に認識者を排除するとは根源的ランダムさを想定することになるが、その場合でも完全な非決定ではなく、確率は全体を囲い込んだ飼いならされたランダムにのみ有効であり、真の魑魅魍魎には対処出来ない。その意味では確率は全て認識者を登場させた秩序世界にのみ存在する概念だともいえるのである。

確率を使う技術

いくら合理的選好だと理論的に説教されても、確率の数字に身を委ねて個人的な行動する人はあまりいないかも知れない。しかし心を持たない通信機器やＡＩロボットでは確率理論の選好のままに作動させる手法が成功している。一例として通信での雑音除去があるが、おおよそ次のような多数決原理である。デジタル情報では0と1の繋がりで情報を表すが、「010」という情報を送るのに、ワンビットに三つの冗長性をもたせて000111000のように発信するとする。通信路の途中での雑音の作用によって受信されたのが010101100のように乱されていたとしても、「二対一」の多数決で決める原理を使えば即座に000111000という正解に修復可能である。

雑音での誤り発生率が一〇回に一回の確率だとすれば、一回間違いは0.1、二回間違いは0.01の確率である。だから000が010になるのは0.1、111が010になるのは0.01の確率だから、010をみたら000に修正するのが合理的なのである。それが絶対正しいわけではないのだが、いちいち雑音の原因究明をしたり、雑音が混入しないようにハード的に装置を複雑にしたりするよりは、確率での判断に任せた方が賢明なのである。可謬性を排除しないスマートな手法である。確率の判断に身を任す技術は情報科学の精華であり、機械操作だけでなく、宝くじや保険の政策・経営の立案には必須である。だが、心を持つものは「二対一」の多数決では未練で心を引きずるし、確率に身を任せて信念の形成や強化をするようには簡単にはならない。確率理論は人間の特異さを炙り出しているともいえる。

物理学の身分——無人物理か、有人物理か

物理学は認識者の存在を排除した無人世界での法則だと見られている。ニュートンの運動方程式は原因と結果が一義的に結びついているとする因果関係のメタファーである。しかし無限小時間での連続を仮定するこの方程式は第1章でみたように大森荘蔵が指摘する「点描法」のジレンマに落ちこむ。ところでこの法則性は量子力学の特殊な状況での近似であることが示されており、物理学の基礎は量子力学だといえる。そしてこの量子力学は一義的な因果関係を否定する確率記述なのである。ある事象と別の事象の結びつきはユニークではなく、結びつきの強さが確率なのである。確率の登場は世界に認識者をもたらし、従来の物理学の規範であった「無人世界の傍観科学」と軋轢が生ずることになる。量子力学の創業者の間にも論争が起こり、九〇年近くを経た今でもすっきりしていないのである。この事態を拙著『量子力学は世界を記述できるか』、『量子力学のイデオロギー』(青土社)、『アインシュタインの反乱と量子コンピュータ』(京都大学術出版

会）などで論じてきた。

確率は社会事象から自然現象までの広い分野で使われており、文系と理系、技術と科学、算法と法則、人間と自然、といった、様々な議論が交錯するアリーナである。そして正に確率がキーワードである量子力学はこのアリーナに引き出され、物理学や科学全体の身分鑑定台に立たされているともいえる。ところが多くの自然科学者の気風には無人世界を手放すことに抵抗がある。無人世界や無人物理を設定することで、人の世の虚妄や不正を超越する脱世間の構図に我が身を置けるからである。

量子力学のQBism

一九二七年当時、新生量子力学が無人物理学を危うくすると直感したアインシュタインはボーアやハイゼンベルグの見解に反対した。ボーアは次のように述べた。「自然記述の目的は現象の真のエッセンスを解き明かす（disclose）ことではなく、我々の経験の集合の間の関係を、可能な限り、追い求めることである」（一九二六年）、「物理学というのは何か無限定に与えられたものの研究というよりは、人間の経験を秩序立てたり、調査したりする方法の開発なのである」（一九六一年）。こうした見方には量子力学を駆使している多くの物理学者が異議を唱えるであろう。ここに様々な奇妙な光景が出没するのである。それは書き下した数式の意味から、学問のあり方にまで及ぶ。前記の拙著著作はこうした論点を描いたものである。

最近、QBism の量子力学なる言葉が目にはいる（N. D. Mermin, NATURE 507 (2014), 421 ; C. A. Fuchs & R. Schack, Rev. Mod. Phys. 86 (2013), 1693）。Q は quantum（量子）であり、B は Bayes（ベイズ）であり、もちろん洒落て美術のキュービズムに引っ掛けた造語である。ベイズ理論は確率の数理論の中でもとりわけ認識者を中核に登場させる。QBism では原子や光子の物理言語を行動の科学の言語と合体させる試みである。ここまでくるとその後にはプラグマティズムのジェイムズの多元宇宙（pluriverse）などの哲学が控えている。これは確かに前述のボーアの学問観には整合的だが、アインシュタインは怒り心頭で卒倒してしまうかもしれない。

「こんにちは赤ちゃん」

こんにちは赤ちゃん　あなたの泣き声
その小さな手　つぶらな瞳
はじめまして　わたしがママよ

（作詞　永六輔）

赤ちゃんは母乳が必要だから「わたしがママよ」の登場は最大の安堵である。ここを起点に「笑顔」や「泣き声」や「小さな手」や「つぶらな瞳」を全開させて人の世のシンボルを身体化させる。せっかく人の世の塵芥に染まっていない命なのに瞬く間に人間化してしまう。真実を見抜く赤ちゃんにするには無人世界をまず把握させてそこに人間が登場する世界像を認識させるべきなのでは？　そうしないと人の世の誤りが見抜けず総選挙の結果もかわらない。それとも無人世界、無人物理といったもの自体が人間の産物だから「こんにちは赤ちゃん」でいいのだろうか？

第4章　重力はエントロピーの「情報力」「この道はいつか来た道」

「あるもの」と「ないもの」

一九七〇年代、ブラックホール（BH）など、従来の天文学の範疇にない宇宙物理の話題が社会に登場した。私はこの頃にマスコミの人間と接触する事になったが、よく「天文学と宇宙物理の違いは？」と聞かれ、面倒なので「天文学は〝あるもの〟をやり、宇宙物理は〝ないもの〟をやるのだ」と嘯いていた。一九六〇年代にはビッグバン、BH、X線星、宇宙ニュートリノ、重力波、ミッシング質量、そして素粒子標準理論後の一九八〇年代には陽子崩壊、超対称粒子、インフレーションなどが〝ないもの〟リストに追加された。観測技術の進歩で、幾つかは〝あるもの〟に還俗したが、ほとんどは棚ざらしだ。二〇一三年三月の「インフレーション宇宙の確証！」の派手な報道もこの長い待ち時間への鬱積が弾けたものだろう。ところがその後、STAP騒動よろしく、混入した既知の〝あるもの〟の効果をキチンと取り除かなかったことが明らかになり、結論は先送りされ報道バブルはまたまたデフレートした。

劣化する科学的批判精神

白黒が不明確でも専門家内に公表してその真偽の検証に晒すという過程は当たり前のことである。その一方、近年、生煮えの結果が世間に向けて過剰に報道される事例が相次ぐのには理由がある。数多く並立する「専門」のどの「専門」の成果が著しいのかを判断できる「超専門」が不在なことである。ところが現実には研究資金配分や待遇・褒賞の「超専門」評価が不可欠であり、そこに科学の規範以外の要素が介入してくる。そのために「市場原理」と「業界団結」が強まり、知的活動における世間の信頼の基礎であった科学的批判精神の劣化が進行しているのである。

特に税金に頼る基礎研究においては、世間の耳目を集めているという「市場原理」によって判断することは民主国家の行政の仕組みにとってはグッド・エクスキューズである。そのため各「専門」業界は「市場」でのプレゼンスを高めるために「相互批判はイメージダウンだ、細かい検討は金を得た後で仲間内でやればいいのだから、批判的なことを言わずにまず盛り立てよう」という「業界団結」にながれる。売り込むために「市場」に合わせた心にもない手法を使い、世間もその脚色された異様な科学をみることになる。そこには批判精神を広めていくという先進性はもう消え失せ、世間で消費されやすいかたちに粉飾されて出荷される。そもそも批判精神を外向きには控え、内向きには維持する、そんな器用な使い分けは無理なのだ。拙著『職業としての科学』（岩波新書）第三〜四章でマッハ、プランク、ポッパー、クーンを登場させて論じたのはこの点である。

重力は「情報力」?

「市場」では〝ないもの〟探しは一番うけがいいが、私はむしろ常識として長年慣れ親しんできたものの見方がひっくり返るような発見こそ基礎的科学が世間に貢献できることだと考えている。そんな一例として「重力は「情報力」?」という話題を紹介したい。ニュートン重力の見方をひっくり返す話である。「情報力」とは、先述の科学界が囚われている「市場」への発信力とは一切関係なく、情報科学でいう情報量を支配する原理に基づく「力か?」という意味である。情報量＝エントロピーであるから、「重力はエントロピー力か?」といってもよい。情報量が極大を目指すというエントロピー増加の方向性が重力だというのである。

勿論、物理学科の学生がこんな答えをしたら試験は不合格だ。また過去三〇年以上の間、重力は電磁力など他の三つの力と並ぶ基本力であり、それらを統一する超ひも理論が試みられているというメッセージが研究界から流されてきたが、これも訂正されることになるかも知れない。こうなると、不祥事で経営陣がマスコミの前で頭を下げるような儀式をこの業界もしなければならなくなる。

理論・実験サイクルの喪失

ただ「重力はエントロピー力」仮説も超ひも理論の研究の中から生まれたもので、意図せざるセレンディピティだという込み入った事情もある。素粒子の「標準理論」が確立した一九八〇年以降のこの分野の研究は大きく変貌した。「標準」という認識には今後しばらく革命はないという予想を意味する。実験的な知見の大半がこの枠内に収まるのだから消化試合といえるが、二〇一三年のヒッグス粒子発見まで実験家は大苦労であった。しかしその締めくくりの済む前からニュートリノが質量を持つことが実験で確かめられてきて「標準」の綻びが現れている。スーパー・カミオカンデによる成果で日本に二〇一五年のノーベル賞をもたらした成果がこの「ニュートリノ振動」である。

一方、理論家は三〇年前の革命直後から次の革命の目標を重力を含む統一理論とした。これは理論的審美眼の発露であって決して自然の要求ではない。標準理論と一般相対論の成功の背後にある数学的整合性に理論家は煽られたのだ。

ある仮説で理論を作りその予想を実験で検証する。こういう仮説・理論・実験のサイクルがサクサクと順調に進行するのであれば、仮説の動機・根拠・正当性には科学は寛容である。「因習にとらわれず挑戦しろ」などの麗しいモットーには、この実験的検証のサイクルがサクサクと回転している前提がある。ところが、ここでは実験との接点が一切なく、「サイクル」のサクサク感がないまま三〇年以上経過している。三〇年といえば研究者全キャリアの大半であり不安になりそうだが、そこは標準理論を完成させた大店の末裔だから、その資産と威光で安心立命だった。私は世代的に、標準理論完成に尽力した旧世代の研究者から「あれは何だ?!」というひも理論世代への違和感を多く聞く立場にあったが、「あれは大型公共事業のような理論物理のインフラづくりだよ」と受け流していた。

坊主か？　職人か？

米国での素粒子加速器ＳＳＣ中止事件を受けて「坊主か？　職人か？」という巻頭言を雑誌『科学』（一九九四年五月号）に書いている。

「一九八〇年代、「統一理論と宇宙論」の展開のなかで人々は科学の坊主的側面に陶酔した。しかし、この教典を携えてＳＳＣ建立の巨額の勧進にやってきた物理学者を前にして、生活のやりくりで陶酔から醒めていた社会はお布施を出ししぶった。「お前達、職人魂はどうした？」という回答であったかも知れない。基礎的科学も坊主と職人のブレンドの仕方にもっと気を遣わねばならないようである。

基礎物理学の内部でも、人間レベルの世界からかけ離れた「あの世」を解明することの意味が鋭く問直されている。重要なのは「あの世」の知識ではなく「この世」にも還流する職人的技能の発見である、という考えがある。ここで「職人的技能」とは例えば「くりこみ」、「対称性破れ」、「非線形」、「カオス」、「トポロジー」、などの階層横断的な理論物理の新概念や数理的手法などを指す。確かに新しい階層には「この世」の階層でも有用なものがより鮮明に現れていて発見され易いことがあり、「あの世」に出かけて行くことは職人的技能を磨く為にも意味のある事である。従って、一概に「あの世」と付き合うのを無用とは言わないが、それはあくまでも「この世」に還流する何かを持ってくるという期待があるからである」。

文中の「階層横断的な理論物理の新概念や数理的手法」が「理論物理のインフラ」である。「階層横断的」とは流体、半導体、超伝導、ナノテク、量子光学からビッグバン、BH、素粒子、弦理論まで、対象を問わないという意味である。存在には混同すべきでない階層的な差の実感があるが、それらを語る理論概念は、対象でなく人間のものなのだから、階層横断なのだという見解である。

存在が先か？　理論が先か？——存在論的コミットメント

我々は対象が先にあってその理論を探求していると考えがちだが、哲学者クワインによればそれは自明ではない。「何が存在するかという問いに対してわれわれが答えられることは、何が本当に存在するかではなく、何が存在するとわれわれが信じているかでしかない。そして、後者は、どのような理論をわれわれが受け容れているかによって決まる。ただしここで「理論」という言葉は、物理学や数学の高度に発達した理論だけを指すのではなく、地理や歴史なども入れば、雨が降れば地面が濡れるといった常識的信念なども入るものとして、理解されねばならない。ある理論を受け容れることで、われわれは、その理論が正しいためには存在しなければならないものの存在を受け入れる——その存在にコミットする——ことになる。これを、その理論の「存在論的コミットメント」と呼ぶ」（飯田隆責任編集『哲学の歴史11　論理・数学・言語』中央公論新社、六二四頁）。

物理学の存在とは実験と数理の手段で人類が蓄積した「理論」であり、階層横断的、対象横断的に「理論」でコミットする相手なのであり、発見されるのをじっと待っている自存のものではないのである。

エントロピーのイメージ

「長さ、質量、電気力、エントロピー、美、音の旋律を二つにわけよと言われたら、エントロピーを美と旋律の方に入れる」という人もいる（ウィーバー『通信の数学的理論』ちくま学芸文庫）。それ程にエントロピーは単純に長さや質量と同類の概念ではないが、その発端は単純であった。二つの物体を接触させると高温から低温に熱が移って等温になり、また匂いは空気中を広がるだけで集まることはない。こうした非可逆的な過程で必ず増加する量としてエントロピーは導入され、当初の蒸気エンジンの効率を見積もる議論から熱が伴う化学反応まで物理学や化学で広く用いられている。この一九世紀型エントロピーは、ボルツマンとシャノンによって二〇世紀型への展開があった。その意味はしばしば「情報欠乏の度合い」とか「無秩序の度合い」と表現される。前者では対象とする系に認識者を追加しており「欠乏」とは認識者の主観的状態である。これに対して後者での「無秩序」とは系そのものの客観的状態である。しかし見方によっては同じ内容の異なった表現ともいえる。主観的に情報不足なら対象の状態があるかもしれない、こうかもしれない……と確定的イメージが結実できず頭の中は混乱の無秩序である。熱力学のイメージは客観論が主力だし、シャノンの情報学では主観論が主力で、ボルツマンは中間といえよう。

ゴム紐はエントロピー力

エントロピー力の例として、統計力学の教科書では、よくゴム弾性が論じられる。伸ばすと引き戻すゴム紐の力がエントロピー力である。物理や化学の知識が少しある人はゴムの弾性力は原子・分子を結びつけている電磁気的力が原因だと漠然と考えるかも知れない。ところが実際は筋肉の力などは電磁的力だとする還元主義的な見方が正しく、エントロピー力ではない。

「ゴムの素材は炭素が……C－C－C……のように長く連なった高分子鎖である。そして一つのユニットC－Cの間隔を変えたりはできないが、次のユニットの方向は自由に（エネルギーをともなわずに）変わっていてもよい。そういう長い鎖のようなものである。そのために、全体の長さは折り畳まれている様子で決まっている。逆に、ある長さを与える折り畳み方の場合の数を計算すれば、それがその長さでのエントロピーを与える」（佐藤文隆・須佐元『一般物理学』裳華房、二八七頁）。あり得る折り畳み方の数が情報量であり、その対数がエントロピーである。現実にはある特定の一通りの仕方で折り畳まれているはずだが、還元主義的にその形に立ち入るのではなく、〝長さの伸び〟と記述されるコミットの操作で失った情報量を表すエントロピーの変化がゴム弾性を引き起こすのである。エントロピー力の例は浸透圧など物理化学に多くあり、また有限温度のカシミア効果もそうである。

情報喪失と発熱

それにしても情報量とは「場合の数」だから時空やエネルギーの次元と関係ない無次元量である。何故それが力という物理的次元を持つ量に関係するのか？　これは物理や化学の熱エントロピーと情報科学でのシャノンのエントロピーが同一のものであることを受け入れる際に炸裂するハレーションである。この難問は「マックスウェルのデーモン」に発し、「ジラードのエンジン」の議論で、数理的には解明済といえるがハードルは高い（拙著『量子力学は世界を記述できるか』（青土社）第二章など参照）。

一九世紀中頃、エントロピーが熱の科学に登場したのが蒸気エンジンからであったこともあり、エントロピーの議論にはシリンダーがよく用いられる。

半分に分けたシリンダーの左右のどちらに一個の分子があるか不明であるから可能な場合の数は2である。次にこのシリンダーの例えば右の端にピストンを入れて左向きに真ん中まで押し込むと、分子は確定的に左にあるから場合の数は1である。エントロピーはln2からln1＝0に減ったことになる。そして左右の何れかを確定する（情報を得る）ため、分子がぶち当たる力に抗してピストンを左に押し込む仕事をしている。情報を得るにはコストが要るのである。ジラードはここでこの分子が熱浴とエネルギーをやりとりして熱平衡にあるとする（まずピストンがエネルギーを貰うから熱浴よりも少し高温になりエネルギーは熱浴に流れる）。したがって仕事で注ぎ込まれたエネルギーは分子から熱浴に移動して分子のエネルギーは一定である。すなわち、熱浴にエネルギーを排出することで情報を得たといえる。したがって熱浴への排熱によるエンエトロピー増加を考慮すると熱力学第二法則は成立するのである。熱浴とは熱の出し入れとしても熱量が変化しない熱溜めであり、系が十分に大きければこの条件はほぼ満たされる。

左に分子があると分かればピストンに重りをつけて左に垂らしておけば、熱浴からエネルギーが流れ込んでピストンが右端まで移動するから重りを持ち上げる仕事をする。これをエンジンのサイクルに載せるには再びピストンを左に移す「戻し」の操作をしなければならない（このためには高温と低温の二つの熱浴を用意する必要があるが、ここでは省略）。

ランダウアーの「消去」

計算機科学の進展を受けて一九六〇年代にランダウアーは計算過程の「消去」が排熱に当たることを明らかにした。計算過程での「消去」とエンジンの「戻し」とは同種だと。計算過程はNOT、AND、ORといった論理過程のつながりである。これで計算機のあれこれの物理状態

（電子が仕切りの右に溜まっているとか左に溜まってるとか）はプログラムの指示に従って変化していく。物理的に同じ舞台で別の演算を新たに始めるにはその物理状態を把握した上で目的遂行の指示を考案しなければならない。ここで、毎日前歴を問うよりは、前歴を「消去」してまっさらな状態をつくれば操作を定型化できる。決まった状態に「戻し」ておけば、予め作っておいたプログラムが毎回使える。これが万能計算機の特性である。

「消去」のイメージは白板に書いたことを消して情報を失うことのように聞こえる。しかし前述のピストンを押して左右を確定するように、「消去」とは決められたある状態にリセットすることであり、排熱することでありコストを要する。

二分する仕切りをとるという操作は無エネルギーでは元に戻せない非可逆な過程である。ANDやORといった論理過程も非可逆である。非可逆では熱浴とのエネルギーのやりとりが必ず伴う。情報にも一種の保存則があって、「棄てる」といっても無にすることは出来ず、熱浴を用意して扱い方の管理替えをするだけである。このことは日常の排ゴミや排エネルギーの環境問題で思い知らされていることだが、排情報も同じなのだ。管理替えされても消滅するわけでなく、ドッコイ生きているのである。情報もある出来事のかたちでモノ的に記載されているから、「消去」といっても別の出来事に転移されただけだ。すなわち、熱というのはモノの性質に付いた名前ではなく、他者による扱われ方を表現する、管理区分の名称なのである。「無秩序な熱運動」などという秩序観念は記述者の関心に由来するものであって、けっしてモノ自身に自存する区別ではない。

このように熱浴と管理される情報量の変化、すなわちエントロピーの変化ΔSには、熱浴の温度Tで決まるエネルギーの変化が伴い、それで$T\Delta S = F\Delta x$のようにコミットする量の変化Δxに伴うエントロピー力Fが発現（創発、emergent）するのである。重力がこのFの類いだと言おうとするのだからΔSの意味も尋常なものではないと想像されよう。

淵源はブラックホール（BH）のエントロピー

重力を生むのはBHのエントロピーと同質のものである。情報と熱エネルギーの関係がコンピュータの情報科学で統合されたように、BHの熱力学が量子情報理論の量子エンタングルメントで見直されようとしている。BHという「あの世」的な存在の特異な性質と考えられたものが、四〇年余りの時を経て、実はもっと普通に存在する「この世」的な言語だと気づかれつつある。

四〇年前、ベッケンシュタインとホーキングは「吸い込まれたら出てこられない」というBHを、物質を飲み込むというよりは、シュレッダーのように情報を非可逆に「消去」する存在と考えて、エントロピーや温度という概念を導入した。吸い込まれるとは、アクセス不能になることだから、情報の管理替えである。ひも理論のBHでもこの一般性は確認されたが、あくまでも「あの世」の存在の話だった。ところが近年、より「この世」的な量子情報理論とからむ量子エンタングルメント・エントロピーの特殊な例としてBHの熱力学が位置付けられるのである。際物にも適用可能だがけっして際物専用ではなかったのである。

まず量子場という存在は非局所的な量子相関、量子エンタングルメント、量子もつれ、をもって、測定不可能な時空領域にも広がっている。このために、情報量は制御可能な自由度と管理外の熱浴にと区分管理される。ここに時空の熱力学的性質が発現するのである。

無重力系＝加速度系と地平線

ブラックホールの特異性は、そこから先の時空領域からの情報が届かない地平線の存在にある。そんな地平線の存在は「あの世」的だと思われたのだが、情報が光速以上で伝わらないという特殊相対論を考慮すると、いたって日常的なのである。等価原理から重力と加速度運動は等価だということが知られている。だから我々が感ずる重力とは自由落下系に対して加速度運動していると解される。地上の重力加速度で一年も加速していると速度は光速近くに容易に達する。すると光速で逃げるものに光速で追いかけても達せない時空の領域が現れる。すなわち、無重力系の測定者を指定すればその地平線が現れるのである。

今から四〇年以上前にウンルー（W.G. Umrh）やホーキングにより論じられた量子場の加速度運

動に伴う地平線の効果が論じられた。それがエンタングルメント・エントロピーの視点が追加されたのはひも理論展開を受けての話である。ここで「部分記述」にともなう情報の熱浴としての取り扱い（「管理区分」）という見方が明確にされている。古典的通信で交換不可能な時空的に隔った領域にも量子的相関は存在する。第五章でその誕生物語を記したＥＰＲ論文はまさにこの量子的相関を指摘したものであり、この相関が量子エンタングルメントと呼ばれている。

ホログラフィック原理

「重力はエントロピー力である」という物語を完結する最後の結び目はホログラフィック原理である。じつはこれもひも理論研究の中で理論的に気づかれたことだが、場の量子論一般にも成立する原理のようである。現在まだこれの一般性は仮説的といっても良いが、AdS/CFT対応など、説得性のある多くの議論がある。重イオン反応でのグーオン・プラズマや、グラフェン、超伝導、位相絶縁などのハイテクの物質科学の量子場の理論でもこの数理概念は適用され成功している。

一九七一年のノーベル物理学賞は「ホログラフィー法の発明と開発」でガボールに授与されている。レーザーが登場して間もない時期のもので、三次元映像を二次元乾板に焼き付けたホログラムから再現できるという技術である。ミュージアムなどの展示で出会うことはあるが、ノーベル賞マーク付き技術の割には社会的利用はあまり進んではいない。ここで使う理論概念としての「ホログラフィック原理」のこころは〝そこを取り囲む平面にその中の全情報を表現できる〟という意味である。

まず存在論的には場の量子論で振舞う元（例えばひも）を想定し、それの粗視化した記述として長さとかが意味を有する非量子的時空が発現すると考える。現在の三次元非量子空間は四次元空間のホログラムであると考える。時空を担う元はここでは平均的な部分情報記述になる代わりに、接する面上にその存在を熱浴として三次元空間の物質場の量子論に関与するのである。プランク単位面積の数で決まるエントロピーから算出される温度の熱浴である。この情報量の変化に伴う情報力として重力が発現するのである（例えば『数理科学』（サイエンス社）二〇一一年一〇月号の福間将文「重力と熱力学」参照）。

it from bit ——帳面から実在が発現

ブラックホールなど、命名の名人であるホイラーの名セリフの一つに it from bit というのがある。it は〝生もの〟の存在だが、bit は〝乾きもの〟の存在であり帳面に載ることである。このセリフはクワインと似て bit が it を構成するということである。情報とは理論概念として持ち込まれた差異の物指しで区別したbit情報である。いわば帳面から存在が発現するというのである。物理学という学問の理論概念は数理的言語bitである。

瑣事と大局観

数式抜きだと自分でもフラストレーションを感じる。体感的自然を越えた概念を組み合わせた理論の数式抜きの解説で一体何が伝わるのか怖くなることがある。こういう物理学の議論では数式は補助ではなく、数式を駆動力にして次々と従来の思考を突き崩していくのである。だから自然とこの数学的構築物を並べて見ないと、自然に対するナマの好奇心とは切り結べないのだろうと思う。絵画作品を見ることなく美術批評を言語で聞くようなものだ。

以下では少し社会一般でも共有されている仕事の賢いこなし方と関連させてみよう。世の中は無数の混沌に満ちている。そこで細かく、一つ一つの動きをきちんと捉えれば整然とした世界が現れると思う。物質が原子や素粒子の集合だと分かると、要素還元で次々と要素の理論を完成してきた。問題なのはそれで眼前の世界の混沌が消えないことだ。世間でも雑雑した瑣事に惑わされない大局観こそ賢明さだとも言われる。物理学でも無数の要素をありのままに見るのではなく、数少ない肝心な量を抽出するのが大事になる。ミクロからミクロへと要素還元の果てにひも理論が出来たが、これをナマの世界に戻す賢明な策を探る試みが浮上しており、ここのテーマもその一貫だ。

ビッグデータから数少ない大局情報を抽出するのは統計学の課題である。加工して残す情報と廃棄する情報の区分が必要になる。ただ捨てた情報もその存在を消すことではない。原子群の平均の動きはマクロな物体の運動だが、この運動からの個々の原子のズレが揺らぎのエネルギーである。物体の運動で捨象されたズレ情報は捨てられた熱として立ち現れる。気体の容器を縮める時に受ける圧力はこの熱の反作用である。このアナロジーでいえば、空間という〝物質〟を構成する要素の揺らぎのエネルギー、いわば空間の熱による圧力が重力だということだ。もしこの考え方が正しければ重力は基本力でなくなるので、今まで天体系からの見えていた重力の姿は各々特殊な状況でのもので、より長いスケールでの振る舞いを保証していない。現在の方程式で説明できない宇宙膨張や銀河回転則の現象からダークエネルギーやダークマターが想定されたが、これらも重力方程式の修正で解決となるかも知れない。

誰にとっての情報

「この道」

この道はいつか来た道　ああ　そうだよ　アカシヤの花が咲いてる

あの丘はいつか見た丘　ああ　そうだよ　ほら白い時計台だよ
この道はいつか来た道　ああ　そうだよ　おかあさまと馬車で行ったよ
あの雲はいつか見た雲　ああ　そうだよ　山査子の枝もたれてる

（作詞　北原白秋）

ここで表明されているのは閉じた世界の確認である。大きなカオスの新世界に放り出された人間は不安を回収するために故郷がよみがえり、五感的既知の世界を確認しているのである。

物理学の「いつか来た道」は一九世紀末の未知の原子世界のカオスの扱いをめぐる困惑である。現在、原子世界は人類のコントロール可能な世界に組み込まれている。そこに登場する量子場とその舞台である古典時空という定式化には、それに付随する熱浴が組み込まれており、この効果が重力だという見方が「重力は情報力」であるということである。熱力学も量子力学も〝誰にとっての情報〟という意味での有人物理である。人間にとっての実在、理論概念が創出する存在、当面は詳細記述を省略するエントロピー、……。いかに理論概念が飛躍しようと五感的人間の実在から広がったものなのである。「あの世」は「この世」に結びつくから意味があるのである。

第5章 「シュレーディンガーの猫」の時代 「いい湯だな」

戦後七〇年

二〇一五年は戦後七〇周年の節目の年である。新年早々、一月には「アウシュヴィッツの強制収容所がソ連軍によって解放された」とか、三月には「マニラの市街戦で米軍が日本軍を制圧」とか、の国際報道がながれた。大戦終結の八月まで、日独伊枢軸国敗退の歴史報道が続くであろう。四月二八日のムッソリーニの処刑につづき、七〇年前の三〇日にはヒットラーが自殺し、欧州での戦争は終息に向い、東西冷戦へと姿を変えていった。ナチスドイツが一九三九年秋にポーランドに侵攻して欧州の戦線が開かれたが、日本は中国侵略の国際批判に追い詰められてこのドイツおよびファッショのイタリアと一九四〇年九月に三国同盟を結んで世界と対峙した。そして翌年一二月、日本はアメリカに戦争を仕掛け、原爆が炸裂し、世界大戦は凄惨な終結を迎えた。

ＥＰＲと「猫」

この「凄惨な終結」の一〇年前の一九三五年五月四日のニューヨークタイムズ紙に「アインシュタイン量子理論を攻撃（attracks）」という見出しの記事が出た。現在、このネタの論文は共著者 Einstein-Podolsky-Rosen の頭文字をとってＥＰＲと呼ばれているが、これに誘発されてその年末にあらわれたのがシュレーディンガーの猫というパラドックスであった。量子力学の奇妙さを描く「猫」の方は早くから普及しているが、それを触発したＥＰＲの方は大御所アインシュタインのものであるにもかかわらず認識度は長い間低かった。しかし、ここ十数年、量子計算や量子通信といった二一世紀テクノロジーのターゲットに絡んでＥＰＲの存在感は急上昇である。

両者の来歴の詮索はのちに回すとして、ニューヨークタイムズ紙の一件は、「凄惨な終末」のたった一〇年前に遡ればアメリカはまだ平和を享受していたということでもある。ＥＰＲ論文のタイトルは「量子力学による物理的実在の記述は完全であるか？」という哲学評論まがいのものであり、同じ物理学の話題でも、後の原爆に向かうウラン核分裂の発見（一九三八年）を伝えた報道とは異質なものである。こちらは、大戦への緊迫感のなかで、衝撃をもって迎えられた。

亡命者たち

ＥＰＲも「猫」もその内容は大戦の緊迫感とは無縁の話だが、その創作者たちの身辺に目を向けると大戦への歩みはもう始まっていたことが分かる。ＥＰＲのアインシュタイン（一八七九～一九五五）も「猫」のシュレーディンガー（一八八七～一九六一）もともに輝けるベルリン大学の同僚教授であった。ところが、これらの論文をアインシュタインはアメリカのプリンストンで、そしてシュレーディンガーはイギリスのオックスフォードで書いているのである。一九三三年一月にナチスがドイツの政権を奪取したとき、二人ともベルリンを去って亡命者に転じていたのだ。とくにシュレーディンガーはドイツ語圏物理学界での注目人事であったプランクの後任の座を射止めて一九二七年秋にベルリン大学に着任し、一九三三年にはノーベル賞に輝いた。ストックホルムの授賞式には亡命先から出席し亡命先に帰るという異例の境遇だった。

アインシュタイン排斥運動

亡命はナチス政権になったためだが、細かく見れば二人で事情は異なっている。アインシュタインは、一九一九年以来、超有名人になって米国や日本に招待されるなど、大衆的人気絶好調の境遇にあった。このアインシュタイン現象は政治的混乱期におけるユダヤ人活躍の重要な一コマでもあった（大澤武男『ユダヤ人最後の楽園――ワイマール共和国の光と影』講談社現代新書）。しかし科学者の世界では前代未聞のこの「超有名現象」はどん底に落とし込まれていた多くの同業者との差を際立たせ、羨望からくる怨嗟の声を醸成した。だからナチス政権奪取前から、アインシュタイン排斥運動が物理学者の間にも公然化しており、彼は生命の危機を感じるほどの攻撃のターゲットになっていた。暗殺されたユダヤ人の外務大臣ラーテナウとも彼は親交があった。

一九三三年政変のとき、アインシュタインはカリフォルニアを訪問中だったが、ドイツに帰国するのは危険と判断してベルギーに待機して、ベルリンの身内や秘書を呼び寄せた。亡命を決意して英国にむかい、女王や首相に歓待されたのち、一〇月中旬にプリンストンにおちついた。彼を招いて開所を計画していた高等研究所の建物はまだ出来ておらず、研究所はしばらくプリンストン大学の数学教室に同居した。ナチス政府はベルリンの彼の屋敷と銀行口座を没収した。

ナチス嫌悪の抗議行動

大衆的人気でポリティカル・フィギュアになっていたアインシュタインと違って、シュレーディンガーはポリティカル・フィギュアでもユダヤ系でもなかった。その彼が政変の年の五月に家族を伴って突如ベルリンを離れ英国に渡った。これはナチス政権嫌悪の個人的行動ともいえるが、ベルリン大学やプランクの後任教授というドイツ物理学の象徴的地位にある者の突然の直情型行動は科学界に波風をたてるものであった。

オックスフォードの方でも、大物とはいえ突然降って来たので、ふさわしいポストが用意出来ず不安定な身分が続いた。またドイツ語圏育ちの家族たちには英語社会での生活は苦痛であり、ドイツ語圏への復帰を切望していた。そこに母国オーストリアのグラーツ大学の招聘を受けて一九三六年一〇月にいったんそこに移った。ところが一九三八年三月にはナチスの手はオーストリアにも及び一家は再び亡命を余儀なくされた。今度は彼もポリティカル・フィギュアとしての亡命以外に選択肢はなかった。再びオックスフォードに戻り、間もなくアイルランドのダブリンの大学に安住の地を見出し、最晩年にはウイーンに帰ってそこで没し、チロルの土に帰った。

映画『サウンド・オブ・ミュージック』にはトラップ一家がアルプスを越えてオーストリアか

ら亡命する場面があるが、あれもこの政変直後のものである。第一次大戦で軍功のあった退役軍人トラップ少佐に併合されたナチス海軍への招集令状が届き、それからの逃亡のシーンである。

一九三五年湯川中間子

一九三五年といえば湯川秀樹の中間子論が公刊された年である。一九三二年の中性子の発見を受けて、原子核をかたちづくる力に関して中間子論を提出したのだ。これは一九二八年の場の量子力学の理論を駆使したものである。すなわち、電気伝導や比熱といった固体物性、化学反応や光現象と原子・分子、そして放射線・原子核・素粒子、そういったミクロ世界の解明を駆動する量子力学理論の成功物語の一コマなのである。

ところが、冒頭に記したEPRや「猫」は、ミクロ世界の探求という怒涛のような潮流に棹をさし、そのツールは不完全だと「攻撃」しているスタンスになるのである。プランクやボーアと並ぶ前期量子論の功労者であるアインシュタイン、ハイゼンベルグやディラックと並ぶ量子力学理論完成の主役であるシュレーディンガー、この二人が亡命先の英語圏の最中にあって、互いにドイツ語の手紙をEメールのように交換して、「攻撃」に想いをめぐらしているのである。繁盛している量子力学創業者一家のメンバーなのに、「あの理論はどこかおかしい」とイチャモンをつけている構図なのである。

〝イチャモン〟と表現したのは、眼下のミクロ世界探求の成功物語で語られる具体的事例に即しての批判ではなく、当時は実行不可能な思考上の実験に基づいて、理論に内在する奇妙さを抉り出しているからである。しかし、二人の威信を持ってしても量子力学を基礎にしたミクロ物理学の奔流は快進撃を続けた。後にファインマンがいみじくもいったように「量子力学は分からなくても、使えるのである」。

それにしてもこの構図は異様であり、拙著『孤独になったアインシュタイン』(岩波書店)、『アインシュタインの反逆と量子コンピュータ』(京都大学学術出版会)、『量子力学のイデオロギー』、『量子力学は世界を記述できるか』(青土社)はそれを論じたものである(京都大学学術出版会の拙著にEPRの解説がある)。たぶん、問われているのは「物理的実在」というよりは「人間にとっての実在とは?」を巡る混迷であると最近考えており、「学問とはなにか?」が問われているのだと思う。

EPRと「猫」異聞

EPRのPもRもユダヤ系だが英語圏育ちであり、三人が何語で議論したか知らないが、論文はPにより英語で書かれ米国物理学会誌に発表された。Pはテニュアの職を探している年頃で、E絡みで自己宣伝になると思ってこの論文のネタをニューヨークタイムズ紙の記者に伝えて記事になったようだ。Eはこれに怒ってPとは言葉も交わさなくなったがPもすぐ他に就職したので実害はなかった。Eは若いRと一般相対論でその後も一緒に英語の論文を書いた。戦後、Rは新生イスラエルに移住して物理学の育成に寄与した。一九七〇年代末にはまだ健在で、学会で話すのを私も聞いたことがある。

シュレーディンガーはベルリンを離れる前に「Die Naturwissenschaften」誌の編集者ベルリナーから進展する量子力学の解説を書くよう依頼されていた。この雑誌は「サイエンス、医療、技術の進歩のための週刊誌」であり、シュプリンガー社が発行していた。ドイツから逃亡したので原稿の約束を反故にしたいと英国から手紙すると「ぜひ書いてくれ」とベルリナーが懇願し、同時に「自分は編集者を突如解任された」と記されていた。政権奪取の影響が官吏でないユダヤ人のベルリナーのポストにも及んでいたのだ。

EPRをオックスフォードで読んだシュレーディンガーは直ちにEに手紙を出し、文通での議論が始まった。この往復書簡をもとにした『シェイキーゲーム』（A・フィン著、町田茂訳、丸善出版）という本がある。これで自分も量子力学への見解を表明したいという気になったのか、三回にわたる解説を書いた。読者は物理学の専門家だけではないから、ここではミクロ物理での成功の記述から始めて、三回目でψの解釈という論争的テーマに触れ、ここに登場するのが例の

「猫」なのである。またEPR論文で指摘した離れた領域での奇妙な量子的相関をシュレーディンガーはエンタングルメント（emtanglement）と呼んだ第四章で登場する量子エンタングルメントの名はここに発する。

ベルリナーの雑誌

もともとこの雑誌は一九一三年にアーノルド・ベルリナー（一八六二〜一九四二）が創刊したもので、分野横断の依頼原稿が主だから編集者の嗜好が反映され、専門誌と違って原稿料も支払われた。彼は電気工学者だがゲーテにも傾倒する文化人で、作曲家マーラーとも親交があったという。英国の『NATURE』誌がモデルだが、ドイツ語圏では独特の展開をした。ドイツ語圏科学界で「分野横断」とは哲学や文化との接点を意味していたのだ。マッハ、ヘルムホルツ、ボルツマン、オストワルドなどの様に、科学者は科学の基礎や文化との関わりを考察して発言すべしという規範意識のフォーラムをこの雑誌は提供していたのである。ベルリナーはナチス台頭のなか、輝くユダヤ人の一人として攻撃のターゲットにされ、一時は米国に出国するも、なぜかドイツに戻り、強制収容所送りの命令が出た時に自宅で自殺した。

シュレーディンガーの猫

シュレーディンガーの論文で、後述のような「猫」の議論が唐突に登場し、そのあとではすぐまた別の話題に移る。

「こんな馬鹿げた例さえもつくることができる。一匹の猫を地獄の道具（これには猫が届かないようにしておく）と一緒に鋼鉄の箱に閉じ込める。その道具というのはガイガー計数管の中に少量の放射性物質を入れたものであって、その量は一時間のうちに一個の原子の崩壊が起こるのと何も起こらないのが同じ確率であるようにしておく。

もし崩壊が起こると計数管は放電し、回路を通じてハンマーが動き青酸のビンを壊す。これら全体の系を一時間放置したとき、もしもそのあいだに原子が一個も崩壊しなかったならば猫はまだ生きていると言えるだろう。また、原子の最初の崩壊は猫を毒殺しただろう。全系のψ関数はこのすべてに対する表現を与えるはずである。そこでは生きた猫と死んだ猫が（こういう表現を許してもらいたいのだが）ブレンドされている。あるいははっきりしなくなっている。

この例は、初めは原子サイズに限定されていた非決定性が全体のマクロの非決定性に移され、それが直接の観測によって収縮することである。このことは、私たちが「ファジーモデル」を実在の像として安直に信じ続けることを許さない」(前掲『シェイキーゲーム』一〇二頁)。「ミクロの非決定性がマクロに感染する」の説明に何故こんなオドロオドロしい情景を想起したのかは、当時の彼の身辺と無縁ではないだろう。この一見無邪気な「猫」寓話の時代背景にも思いをいたす必要があるだろう。

ニューヨーク・セレブ動向記事

同じ量子力学の奇妙さを訴える話でも「猫」と違って、EPRで新聞の読者に伝わった内容は皆無だったろう。物理学のど真ん中のアインシュタインが量子力学を「攻撃」した事態は確かに穏やかではないが、その内実となると量子力学を駆使している今の専門家にも共有されていない。だから、新聞で伝わったのは「あの世界的セレブがニューヨーク近郊プリンストンの住人になった」という地元セレブ動向情報であった。ニューヨークっ子は、一九二二年春、「ニュートン理論を覆した」というドイツの天才アインシュタインを迎えたときの熱狂を思い起こしたであろう。その彼が今度は一年数ヶ月前にドイツをこっそり逃れて近郊でひっそりと暮らしていることを知ったのである。一九二九年のウォール街の株暴落で敗戦国ドイツは政治的に混迷してヒットラーが政権を奪取し、あの天才も放り出されて近郊の住人になった。この地元ニュースに彼らはきな臭くなっている欧州情勢を肌で感じたことであろう。

頭脳流失

ナチスドイツからの亡命を迫られたのはアインシュタインのようなポリティカル・フィギュアだけではなくなった。政権に就いたナチスが真っ先に制定したのが「職業官吏再建法暫定施行令」、いわゆるニュルンベルク法である。「政治的に信用できない者」、具体的には「左翼」と「非アーリア人」、を公務員から排除するもので、「非アーリア」とはユダヤ人を指すが、その定義は「ハーフ」から「クオーター」まで拡張されていく。一九三三年六月の制定だが、影響が大きい国防軍や大学などでの細目の調整に手間取り、一九三五年からは実施となり、一九三七年からはユダヤ人の妻の場合も含めて例外を許さない徹底したものとなった。マックス・ボルン、ハンス・ベーテ、リーゼ・マイトナーらが亡命するのはこの時期である。またベルリンのカイザー・ウイルヘルム研究所の所長でドイツ物理学会の会長という要職にあったピーター・デバイは、オランダ国籍からドイツ国籍に変わるように要求されたが拒否して一九三九年にアメリカに亡命する。この大物の遅い亡命には米治安当局が彼をナチスのスパイではないかと疑った(P. Ball, “Serving the Reich”, The Bodley Head)。

ワイルの心の迷い

「制定」から「徹底」までの間に、数学者・物理学者ハーマン・ワイル（一八八五〜一九五五）のプリンストンの高等研究所への亡命があった。彼が一九三三年一〇月に文部大臣に宛てた手紙の文面には、宙ぶらりんな時期に亡命を選択した心の迷いが生々しく吐露されている。

「私儀、この度、二度にわたり、一九三四年一月一日付で、アメリカ、ニュージャージー州のプリンストン高等科学研究所の数学教授への招聘を受けました。小生にとって、このポストは、学問的観点からも経済的観点からも、ゲッチンゲンでのものよりも有利であります。小生はこの申し出を受諾しようと思いつつあり、一一月まで行くために認めていただいた休暇を一二月まで延長してもらえれば、幸いです。同じく、ゲッチンゲン大学の数学教授職とこれに係わる全職務を、年末付けで辞したくお願い申し上げます。小生の辞職が認められ、小生の家族と財産のアメリカへの移転に障害がなくなり次第、その日付をもって、小生は報酬、退職金などすべての権利を放棄する所存です。小生の休暇中は［省略］に委任されるようお願いします。［数学科の主任を決めるのは］大臣閣下であります。

小生は一月初め、このポストに対する最初の申し出を断りました。しかし、この頃は決心がつきかねました。重い神経衰弱で小生は麻痺状態でした。その一部は、ゲッチンゲンに比べて、プリンストンのこのポストがもたらす、小生の学問研究に対する比類なき利点がよく分かったことと、小生の心の琴線からも小生をドイツ語に結びつける愛との対立によるものでした。チューリッヒ大学での一七年過ごした後、ヒルベルトの後任としてゲッチンゲンに着任してから、小生はその任にあらずということがすぐに分かりました。今、小生の決意は、とくにユダヤ人の愚妻と子供たちの精神的健康と将来を考え、はっきりしています。新しい法律は非アーリア人を妻とするアーリア人を公職から追放しようとしていますので、小生は当局が小生の決定を認め、その結果ゲッチンゲンで生ずる状況の正常化を期してもらいたいと思います。たとえアメリカにいっても、小生は、かつてスイスにいた時のように、小生の魂と良心にかけた、力の及ぶ限り、ドイツとドイツ精神のために尽くします。小生は現在の政府がとった新しい道がドイツ民族を甦らせ、高めることを願うだけであります。反ユダヤ主義との不幸なもつれのため、小生はドイツにいても、個人的に仕事をすることが許されません。ドイツの大学が深刻な大変動に付されている今、小生は自らの運命を、その設立のためにドイツの古い大学が無視すべからざるモデルとなった研究所のそれに結びつけることを幸福に思います」（J・オルフ＝ナータン編『第三帝国下の科学』宇京頼三訳、法政大学出版局、七七頁）。

この後に、ＣＣ送付先、プリンストン連絡先を記している。

後釜を狙う科学者たち

ニュルンベルク法が制定されたとき「三〇名の著名なドイツ人教授によってユダヤ人の同僚たちに味方するような声明を発表するべきだ」と提案したオットー・ハーンに対して、ハーンの記憶によれば、プランクはこう答えた。「今日三〇名のこうした人物を集めれば、明日には一五〇名もの人たちが彼らを罵倒することになろう。というのも、彼らはその三〇名の地位がほしいからである」（J・L・ハイルブロン『マックス・プランクの生涯――ドイツ物理学のディレンマー』村岡晋一訳、法政大学出版局、一五七頁）。

プランクはシュレーディンガーにも離職ではなく休暇願にするよう忠告したという。ドイツ科学の栄光の保持に腐心していた老プランクは輝くユダヤ人学者追放の後釜を狙っている者たちによるドイツ科学の威信低下を心配していたのである。ワイマール期の混乱にもプランクは帝政期の学界権威の護持に腐心した。そして再びの変動の政治中でも、もう七〇代後半のプランクは五月にはヒットラーに面会してドイツの栄光には良きユダヤ科学者は必要だとしてニュルンベルク法に例外を許容するよう陳情したが一顧だにされなかった。

アーリア物理イデオローグの敗退

老練なプランクが予想したように、この法律で一度に多数の大学教員が追放されたから、その後釜をねらう教員人事競争は各地で激化した。物理学でみると、ワイマール期、アインシュタインへの反発を拡大するかたちでノーベル賞学者のレナートとシュタルクがアーリア物理を掲げて学会の中での反ユダヤ運動を展開していた。ナチスの台頭の中でこのイデオローグが力を得そうなものだが、現実には違った展開になる。政権を奪取して運動体から管理者になっていく中でナチスの科学者政策はアーリア物理のイデオローグを排除するのである。相対論と量子論を正当に受け入れるべきとして彼らを批判してきたプランク、ラウエ、ハイゼンベルグらの影響が増していく。とくに具体的に兵器による戦争が始まると産業界からも政府への突き上げがあった。この局面で航空技術に関わるプランドルの役割が大きかった。核分裂の発見はハイゼンベルグを国家の枢要な位置に押し上げた。政治運動時代のナチスがエールを送っていたアーリア物理イデオローグは軍事技術にはあまり役立たないのだ。こういう国粋的イデオローグは、日本の玉砕主義のように、人間を兵器にすることが出来るだけなのである。

「美しい国」

二〇〇六年、安倍第一次内閣が成立したとき、安部首相の口からアインシュタインの名が飛び出して驚いたことがある。「美しい国創り内閣」と銘打った所信表明の中で、アインシュタインの訪日時（一九二二年）の印象で日本人の「謙虚さと質素さ」、「純粋で静かな心」に言及したことをひいて、この「日本人の美徳」を二一世紀の世界に再び活かそうというわけである。しかし、この日本人がこの間に世界をかき乱す戦争を仕掛けた醜い蛮行も忘れてはいけないだろう。また訪日時に日本人はアインシュタインにドイツの偉大さを見たのに、一〇年後にはドイツは彼を追い出しているのである。

「いい湯だな」

いい湯だな　いい湯だな
ゆげが天井から　ポタリと背中に
つめてえな　つめてえな

ここは上州　草津の湯

（作詞　永六輔）

まさに景観とアメニティが一体となった「美しい国」クール・ジャパンである。森の国ドイツもメルヘンと音楽の文化の国である。それでも国家というしくみはそれに蛮行を強いることができるのである。この奇妙な取り合わせで、ふと次の句が頭をよぎった。

いい湯だな　いい湯だな
日本人だな　美しい日本だな
絆だな　絆だな
ここは神州　靖国の湯

第6章 「問題には答え」、啓蒙思想の三要件 「野ばら」

「ていねいな説明」

「ていねいな説明をしてまいります」。最近、テレビのニュースを見ていると毎日のように耳にする政治用語である。安全保障や歴史認識の外交問題、少子化や高齢化、雇用や格差、社会保障などの制度改変を巡る対立、エネルギーや巨大災害への不安、ともかく従来のシステムの限界も明らかになり差し迫った課題は盛りだくさんである。そんななか、圧倒的な与党議席数と世論調査の高支持率のためか、阻むものもなく諸制度の改変は快進撃である。発せられる「反対」、「異論」、「懸念」、「不平不満」などの声には「ていねいな説明をしてまいります」でひと括りに回収され、「民主主義政治プロセス継続中」の看板をぶら下げて「一丁あがり」である。

「ていねいな説明」の実態を詳らかにしないが、役所のホームページや大手広告会社へ発注したテレビ、ネット、新聞の広告やイヴェントであったり、パブリックコメントの実施・開示のルーティン化だったりするのかも知れないが、〝ていねい〟とはいえ一方通行の情報が多数掲示され、「異論あるなら、あれを全部理解してからやって来てください」と、無数の「説明」が現在進行形なのである。その一方、日々手一杯の生活者はこの「ていねいな説明」には付き合いきれないから、その内に多くの問題はフェードアウトしていく。ネット時代のテクノロジーが拓いた新たな政治手法ともいえる。

「決められない政治」への反動か？

それにしてもこの対応は、いっけん肯んじない輩を「問答無用」で切り捨てる構図ではない。むしろ、抗う者たちをあたかも精神医療臨床の患者のようにみなした「ていねいな説明をしてまいります」なのである。いつまでも理解出来ないでいる哀れな者たちにも〝ていねい〟にその治癒をしてまいります、という訳である。実施する政策・施策は現実的判断を行えば正しいものであり、それに同調できない輩は現実を見て合理的判断をする能力が低下しているのだが、それでも「哀れな輩だ」と切り捨てることはせず「ていねいな説明をしてまいります」なのである。

七〇年にもなるという長い戦後民主主義の中では、反対派への対応の政治用語は「説明」ではなく、「話し合い」、「討論」、「議論」、「意見交換」といった共同作業であったと思う。そこには建前とはいえ政治を支える対等な構成員を前提にしており、審議を打ち切る場合でも「今後とも話し合っていきたい」というのが常套手段だった気がする。「話し合い」が「説明」に変わってきた背景には、判断能力において「対等な構成員」から「教化されるべき構成員」へ変わったのかも知れない。「このみちしかない」ことの理解が不十分な者がいるのなら、「ていねいな説明」で教化するのも為政者の務めとなる。教化策の数値評価指標が世論調査の支持率であり、両者の「好循環」が政局の提要ということになる。一強多弱の政党政治状況からか、「決められない政治」への反動か、便秘後の爽快感か、「ていねいな説明をしてまいります」を被せればどんな政策も障害物なくサクサクと実行されていくのである。

「ていねいな説明」の限界

近年の「ていねいな説明をしてまいります」は単なる便利な逃げ口上かもしれない。もし本気でこれが誠意ある最上の方法だと思っているのであれば、それは「説明を受ける側」についてのある種の理論上の人間像が想定されているからである。国民国家という制度自体もある種の理論概念であり、そこで想定される「あるべき」国民像が現実の人間から離れていることの影響ともいえる。だから、この干乾びた概念上の仕組みがナマの世界と切り結ぶ接点に大事な部分が欠けていて空回りしているようにも見える。理解、了解、同意、同調のパターンは人によって違うのである。

本書第1章〜第5章のテーマである「Now」、「ゲーテ」、「確率」、「情報」、「亡命」、などはいずれも量子力学の周辺に散らばる挿話であった。今回の導入は現下の政治への不安の表明に始まった。これをやはり量子力学周辺のテーマに移していきたいのであるが、量子力学的思考に解決策があるなどと馬鹿げたことをいうのではない。また低線量被曝などをめぐる確率を基礎にした科学的知見にもとづく政策判断が「ていねいな説明」で同意可能になるのかというアクチュアルな社会政策に名案があるというわけでもない。むしろ量子力学創業者同士での意見対立がお互いの「ていねいな説明」で解消可能であったのかという論議を二〇世紀初頭の社会思潮と絡めて議論してみたいと思う。

啓蒙主義の三要件

近代社会ではわれわれはみな同類だという暗黙裡の前提に立っている。共同幻想にせよこれを外すと現代社会システムの骨格が失われる。この命題はヨーロッパ啓蒙主義に発するといってよい。アイザイア・バーリン『ロマン主義講義』（岩波書店）は、近代ロマン主義の発祥を論ずる下地としての一七世紀末から一八世紀初めにかけての啓蒙主義について、次の三つの要件を挙げている。これは国民国家において政治や法制、軍事や外交、税制や行政、医療や福祉、教育や科学研究、などの大なり小なり専門性を根拠に託されている一部の人間の営みと託す側への「ていねいな説明」の構図の骨格に関係するものである。

「問題には答えがある」

啓蒙主義の第一の命題はあらゆるまともな問題には答えがあり、答えのない問題は問題でないとする。問題の答えを我々は出せないかもしれない。だが、他の誰かが必ず出してくれるとするのである。「われわれより賢明な人々——専門家やある種のエリートに、答えはおそらく知られていることであろう。われわれは罪深い存在であり、それ故、自分では真理に到達できないのかもしれない。この場合、われわれはこの世ではなく、あの世でおそらく真理を知ることになるであろう。あるいはまた、それは、堕罪や大洪水がわれわれを今のように弱く罪深い者とする以前の、何か黄金時代といった時には知られていたのかもしれない。あるいはまた、この黄金時代は過去にではなく、未来にあり、われわれはその時になれば、真理を発見することになるであろう」(前掲書)。

答えが原理的に遮蔽されているならそれは問題の設定が悪いのである。これはキリスト教もスコラ学も、近代の啓蒙主義、実証主義にも共通する。「実際それは西欧の主要な伝統のバックボーンであり、これこそロマン主義が打破したものである」（前掲書）。

「万人に理解可能である」

「第二の命題は、こうした答えはすべて、他の人々に学ばれ、教えられることのできる手段によって、しることができ、発見されることができるということ、そして、世界は何から成っているか、そのなかでわれわれはどのような部分を占めているか、われわれと人々との関係はどのようであるか、われわれと事物との関係はどうか、真の価値とは何か、その他あらゆるまじめな答えられうる問題に対する答えを発見する仕方を学び、教えることを可能にする技術があるということである」（前掲書）。

こういう前提のうえに一人一票の投票権や裁判員制度などの平等な権利や義務が定められている。国民は国家や自治体の政策に対しても独立して判断する能力があるという前提に立っており、できないのは怠慢である。また、ある段階で多数決で決めるというルールへの合意も含め、十分な話し合いと「ていねいな説明」によって合意が可能だという前提に立っている。

「答え相互に矛盾がない」

「第三の命題は、答えはすべて他の答えと両立可能であるにちがいなく、もしそうでなければ、混沌が結果するであろうということである。ある問題に対する真の答えが、他の問題に対する真の答えと矛盾することはありえないことは明らかである。ある真なる命題が他の真なる命題と矛盾しえないということは、論理上の真理である。もしあらゆる問題に対するあらゆる答えが命題の形をとるべきであるとし、あらゆる真なる命題が原理的に発見可能であるとすれば、ある理想的な宇宙――お好みなら、ユートピアと言ってもよい――についての叙述が存在し、この宇宙はあらゆるまじめな設問に対するあらゆる正しい答えによって容易に叙述されるものである、という結論が導き出されるに違いない。このユートピアは、われわれはそれに到達しえないけれども、少なくともわれわれが現在の不完全さを判定する基準となる理想なのである」（前掲書）。

啓蒙主義への反発

小学校生徒の知育ならこの三要件をみっちり教え込むのは大事なことかもしれない。しかし、現実を生きる人間にはこの三要件は息苦しいものだ。もちろん啓蒙主義もこれが現実だというのではなく「こうだと思って、努力しよう」という標語かも知れない、人間はもっと賢明になれると。しかし精神世界の世俗化をリードするこの啓蒙主義への反発はすぐに現れた。前掲書ではハーマンなる人物の悲鳴ともとれる言葉を紹介している。

「科学は、人間社会に適用されるならば、一種恐るべき官僚化に通ずるであろう、と彼（ハーマン）は考えた。彼は、科学者、官僚、物事を整然とする人々、流暢なルター派の聖職者、理神論者、誰であれものを箱の中にしまい込もうとする人々、誰であれあるものと他のものを同じにしようとし、たとえば、創造とは自然の提供するデータの獲得であり、そして、何らか満足のいくパターンにおけるデータの再編成と実際に同じである、と証明しようと欲する人々に反対したのであった」。「啓蒙の理論全体は、人間のうちに生きているものを殺し、人間の創造的エネルギー、諸感覚の豊かな世界全体に代えて、か弱い代替物を持ち出していると彼には思われた」（前掲書）。ゲーテも読んだだろうという時代の人物だから「科学」といっても理性を優先させた営み全体を指すと解するのがいい。

ゲーテ――抵抗・敗北・復活

ゲーテは科学の営みの中に人間を回復する試みとしてニュートンを批判し、当時の哲学者、物理学者、生物学者の中に戦いの同盟者を求めたが孤立し、無残な敗北を喫した。カントと対照的に、ゲーテはニュートンの数学的方法による科学を拒否し、「根源現象（ウアフェノメノン）」の手法を語り、生物の形態学を具体的に展開した。しかし、当時、科学の世界に数学拒否の同調者は見いだせなかった。

ところが、ゲーテが「ニュートンの物理学を退けた時代から、およそ半世紀たった一九世紀後半、ゲーテの自然科学が見直される時機を迎えた。とくに彼のモルフォロジー（形態学）が再び脚光を浴びたのだった。それはヨーロッパの物理学・生物学を中心とした自然科学研究の構造的変化と大きく関わっている。一八七〇年代にみられる資本主義の第二段階の離陸、重化学工業の飛躍的発展、リービヒの有機化合物の研究と大学の講座における巨大実験装置の普及。こうして学問中軸で物理学・生理学が先端分野として科学をリードしていく状況が生まれる。いまや、科学の実証主義と並行して、精密科学への求心力の増大がみられる（上山安敏『フロイドとユング――

精神分析運動とヨーロッパ知識社会』、岩波現代文庫)」。「自然哲学」から、実験解剖学、生理学が精密科学として独立し、大学での講座の構成も大きく変貌した。

科学の二元――方法と自然観

〝科学の制度化とその拡大がゲーテ形態学の再評価をもたらした〟の意味を私なりに分析してみる。まず一九世紀初めからの自然哲学から制度科学への移行の中で、科学の営みは認識論と存在論の二側面に分離した。単純化していえば、方法・手法と自然観の分離である。制度化で実験という営みが飛躍的に拡大した。さらに経費を伴う実験設備の整備も関係して実験が制度科学の主要な内容となった。各科学者の自然観へのコミットメントという「自然哲学」の側面は制度科学の埒外に放り出された。多様な自然観を置き去りにしたまま、方法・手法の標準化としての制度科学が定着した。この分離下での「学問とは何か?」への回答の一つが『職業としての学問』(マックス・ウェーバー)であった。

数学を手法とするニュートン物理学は機械論的自然観を唱導したが、これは惑星運動というシンプルなシステムの超厳密な記述の成功がもたらしたものだ。しかし、次の段階では、産業活動にも刺激されて化学反応、熱、電気、光などの複雑な現象が研究対象となった。とりわけ生命現象を物理・化学過程に還元する試みは逆に単純な機械論自然観の不可能性を明らかにした。自然観で機械論と拮抗していた生命体論は、啓蒙主義科学でいったん衰微するが、制度科学が切り拓く「驚異の自然」の拡大で再活性化された。制度科学の整備で可能となった実験や探索は自然の拡大であり、「不思議な自然」、「驚異の自然」を絶えず再生産していった。科学の力が土俵を絶えず拡大するので単純な終焉はけっして訪れないのである。

近代での自然への憧憬

啓蒙、理性、合理、科学、実証……。これらに共通するのが先述の三要件の一つ「問題には答えがある」である。それが啓蒙主義、近代合理主義の説く進歩主義の根拠でもあった。しかし「一八世紀後半にはじまるヨーロッパのロマン主義は、一七世紀に確立された近代合理主義に対する反動として起こったものであり、そこでは主観と客観、心と物、人間と自然は截然と区別され、両者は徹底的に分離されていた。この乖離と対立を前提にして、その後に一つの感情移入によって自然を主観的意識の中にとり込み、そのことによって再び自然と人間のあいだを架橋しようとしたのがロマン主義である」(伊東俊太郎『一語の事典　自然』三省堂)。

科学雑誌『NATURE』は一八六九年の創刊だが、その後長い間、毎号の目次欄にはワーズワースの詩（To the solid ground of Nature trusts the mind which builds for aye）が掲げられ、それを暗示するカット絵が印刷されていた。このスタイルは長く二〇世紀末まで続いていた。現在は変っているが、いまでも「一〇〇年前、五〇年前」というコラムのカットにこの絵を見ることができる。当時のヨーロッパ近代に噴出したロマン主義と制度科学との親近性を明示するものである。

自然観と処世訓

伊東の前掲書は近代ロマン主義噴出の原因をキリスト教西洋の自然観の特異性に求めている。西洋文化の起源といえば先ずギリシャ・ローマである。「物の誕生、本性、本来もっている力、さらに森羅万象を包括する言葉としてのギリシャ語の自然を意味するピュシスという言葉は、ローマ世界に入って、この伝統を受けつぐ人々によってナートゥーラと訳出された。これはピュシスと同様に生まれるという動詞に由来し、ピュシスのもっているものとほとんど同じ意味に使われた」。

ローマ時代に典型的な自然観はルクレティウス『物の本質について』（岩波文庫）に描かれている。アトミズムの世界像は横行する占い師の迷信や生贄などを強要する宗教からの解放を謳うものだ。人間と自然は同質のもので対立はなく、神々は遠く離れたもので身辺の現象に介入しないのだと説く。説明の付かない自然現象に恐怖を感じ、そこに神々の介在を見ることから人間の不幸が始まると論じ、死によってすべては消滅するとの立場から、死後の罰への恐怖から人間を解き放した。自然に従って生きて心の平静を保つという、世俗的な処世訓といえる。

ユダヤ・キリスト教の特異さ

ところが「ユダヤ・キリスト教世界に入ると、こうしたパンピュシシズムの神・人間・自然の一体性は崩壊する。そこでは、世界の創造者と被造物は明確に切断・分離され、神‐人間‐自然のはっきりした階層的異質的秩序が出現してくるのである」、「人間は神のために存在し、自然は人間のために存在する」(伊東前掲書)。中世キリスト教世界の知的努力はこの神‐人間‐自然の階層的・目的論的秩序を護持することに汲々とした。神は自然に内在するものでなく、人間も自然の一部ではない。「ここに自然を人間と独立無縁なものと客体化して、それに外から実験操作を科学的に把握しようという、近代実証主義的態度の形而上学的源泉が看てとれる」(伊東前掲書)。これに同調しないものを異端として社会から排除してきたのがヨーロッパ中世であった。

この点は日本を含む多くの他の伝統社会の文化とは根本的に異なるものである。多くの社会の伝統文化では圧倒的な大自然に包摂されている人間を見ている。「神‐人間‐自然の階層的・目的論的秩序」の経験がない日本文化と西洋の近代ロマン主義の出会いは奇妙なものにならざるを得ない。特に制度科学の営みとの絡みで日本の文化状況を見る場合には注意を要する。中世ヨーロッパへの反逆としてのロマン主義と「山川草木悉皆成仏」から近代化した日本文化では前歴が大きく異なる。

自然観の氾濫

アインシュタインをも振り落とすような量子力学の理論に内在する問題性と第一次大戦前後の混沌とした文化状況との関係を考えてみよう。活躍した科学者の生育時を考えれば必然的に一九世紀末に注目することになる。ここでは啓蒙主義への反発としてのロマン主義的潮流に科学が関わる側面を論じてきた。量子力学では数学的手法は同一でも、技術が開いた驚異の世界であるミクロの新世界に対する自然観が多様であった状況を認識する必要がある。

自然哲学という制度科学以前の科学は自然観自体へのコミットメントであったが、拡大した制度科学の中では方法・手法の標準化は強固になるが、制度科学自体は自然観に関与しなくなった。科学の徒へのこの「自由化宣言」が奔放な思潮、自然観の氾濫を助長し、若人たちの知的自由を鼓舞した。講義をつうじて接する若き物理学徒の精神状態に不安を感じて、プランクはマッハを攻撃したのである（拙著『アインシュタインの反乱と量子コンピュータ』京都大学学術出版会）。

ボーアとハイゼンベルグ

量子力学の数理理論が現れた一九二五年からコペンハーゲン解釈で論争を収めた一九二七年までの間に指導力を発揮したのはボーアとハイゼンベルグである。世代は違うが二人ともロマン主義で流動化した時代思潮の洗礼を受けていた人達といえる。先輩格のプランクとボーア世代のアインシュタインはコペンハーゲン解釈を受け入れることを了としなかった。量子力学の論争をドイツ語圏でより盛んであった原因を、ゲーテと繋がるロマン主義の知的世界と結びつけるのは早計であろうか。

ボーアとハイゼンベルグに共通するのは、大学教授の家庭において成長したことである。これがどう関係するかは今後の宿題であるが、ボーアは父親の友人で哲学者であるH. Hoffding（一八四三〜一九三一）の影響を受けたという見方がある（Stig Stenholm : The Quest for Reality : Bohr and Wittgenstein : Two Complementary Views, Oxford UP, 2011）。彼は母国の哲学者キルケゴールに傾倒して哲学者になりアメリカの心理学者でプラグマティズムの提唱者として名を馳せたウィリアム・ジェイムズと交流があった。キルケゴール（一八一三〜一八五五）は当時の「ヘーゲル主義的思弁の哲学や神学を批判するものであり、総じて近代思想が人間の本質を理性に限定してそれを基準に真理を合理的客観性とみなしてきたことに反発し、普遍的理性に尽くされない実存としての人間に注目、個性的単独者の自由な主体性の形成に真の人間らしさを求めた」(『岩波哲学事典』)。ハイゼンベルグは「世紀転換期」のドイツに横溢していた「青年運動」のメンバーであった。

「野ばら」
童は見たり、野なかの薔薇。
清らに咲ける、その色愛でつ、
飽かずながむ。紅にほふ、野なかの薔薇。

(作詞　ゲーテ/日本語　近藤朔風)

得体の知れないゲーテを詩の一節で表現できるものではないが、文豪ゲーテの文化界での浸透ぶりが科学の変貌にも影響を持ったと思われる。政策、科学、詩、各々が存在する社会的根拠も、同意や了解や共感の実態も異なる。しかし、一人の人間の中でこれらはみな互いに絡み合ってくる。絡めない修行が必要なのか？　絡めてエネルギーとすべきなのか？　こう問いつめられると啓蒙主義の三要件が悪玉に見えてくるが、これらを安易に放擲すれば混迷は深まるだけである。

第7章 「法の支配」とワンダー科学 「やしの実」

法の支配

安倍政権になってから耳障りな程よく聴く新語に「法の支配」というのがある。急に政治家が使い出したという意味での新語だが、主に基本的人権、民主主義、法の支配といった価値観を外交の基本に据えるという意味のようだ。だから日本は法治国家だとか、中国が人治から法治に国内政治を転換するのに苦労しているといった国内統治の手段とは別物のようで、むしろブッシュ元大統領がイラクを薮から棒に攻撃した時のように、核問題で嘘をつくこれらの国が普遍的価値観を体現していないと断罪する時に持ち出す原理のようである。確かに法には懲罰の担保がなければ有効でない。当事者の約束事として存在する国際取り決めや国際司法裁判所での紛争処理といった手続き的な法の支配ではないのだが、南シナ海をめぐって中国を牽制する際にも「法の支配」を持ち出すのはどっちのコンテクストなのか不明である。国際関係も訴訟社会にしようというのでもなく、政治を道徳性に訴えているようでもある。

ことほど左様にこれまで日本の言論界にはあまり馴染んでいないこの政治新語が意味不明で一

人歩きしている。放置されるのは多分「法律に従うのは当然だよね」という順法精神が日本国民の多くに定着しているからだろう。権力や行政の横暴から人民を守るのが憲法や法律だという感覚の方が強い。価値観としての「法の支配」だという場合、「法」の中身を問題にするのか、強制力を伴う「支配」を問題にするのかでニュアンスが違ってくる。この問題は世の識者がもっと議論すべきであるという危機感を表明するだけで、ここでは「法の支配」に触発されて科学論に移行していこう。

社会の掟と自然の規則性

人倫社会の掟と自然の規則性を法という同じ言葉で表現したのがヨーロッパ近代である。王権と議会の世俗権力が宗教権力と競う場面では自然の中に潜む法則と憲法は同質のものだとして法の正統性を補強した。法を実効あらしめるには暴力装置や制裁措置が必要である。自然の法に背けば身体的、経済的に、あるいは信用度において手痛いしっぺ返しをうける。近代科学の嚆矢であるニュートン力学は精度よく天体運行の現実を説明しており、人倫社会の法よりはこちらこそが本家本元の法であるという雰囲気さえ醸成した。

惑星の運行は複雑系でない簡明な問題であったが、一九世紀に入ってからの産業技術ともからむ熱、光、元素、電気などの地上現象の解明は複雑過ぎて直接に法則化できず、実験という手法で現象を簡単化して法則を見出した。地球や生命といった複雑な現実も物理や化学の単純過程の要素に分解されて、それらの複合として理解する試みが進んだ。すなわち法律家が幾つもの法律を駆使して現実を裁くように科学者の仕事も多くの法則を駆使して発明、発見をすることである。この組み合わせの技を競う場が科学界となった。そのため科学界では人間が介在せずとも自然法則に従って現実が動いているといったホーリズムや運命論的な法則観は薄まったといえる。科学はいつまでも完全な法則には到達しておらず、既知の法則からの逸脱を求めて日々進展している。

交通信号交差点という実験室

実験とは様々な影響を遮断して制御された現象を人工的に作り出してそこに簡明な法則的現象を見ることである。同じようにある秩序を規則によって現実化するのが法治だと考えるなら、ナマの現実を放置するのではなく、そこに人工的な仕組みを導入して合法則的に振舞う現実を実験室的に実現するのが法治といえる。ここで話を急に矮小化するようだが、例えば交差点の信号という仕組みがこの実験室化にあたる。交通量の激しい交差点なら運転手も歩行者もこの仕組みに従う。逸脱は身体的危機をもたらす制裁でバックアップされているから従うのが合理的選択だ。

ここに順法精神が身体化される。

ところが次のような変型交差点では人間は実験室の試料のように一様な行動をしなくなる。私事にわたって恐縮だが、自宅から京大方面にいくには、地下の阪急河原町駅から四条通に出て、そこを南座向いのバス停まで歩くのだが、途中に「下り」一方通行の木屋町通を横切る。ここの変型交差点で見られる人間模様を長い間観察してきて、世の縮図を見る思いがしてきた。

「変型」というのは四車線の四条通とクルマ一台やっと通れる一車線で一方通行の交差点だということである。狭い道をクルマがやって来なくても信号が赤なら歩行者は待機せねばならない。だが三四歩で渡れる狭い幅だから、遠くまで見通せる木屋町通りにクルマがいなければ横切ってしまう人も多い。真ん中まで出て、信号に気づいて戻る人もいる。これなどそのまま渡る方が安全だろうが、それより社会ルールを尊重する行動に出たわけである。社会ルールと身体の安全とのせめぎ合いがある。

クルマがなくても待たされると、各人の中でルールの不合理さを腹立たしく思い始めるのか、次の行動はばらけてくる。「クルマがなければ渡る」という動物的直感にお里帰りして渡る人A、例外を認めると混乱するから社会規範を優先して渡らずに止まる人B、その場主義的で周りの人々の動向を見て決める人C、などである。もちろん大抵の人は常に一つではなく少しずつA、B、Cそれぞれの一面を持っているだろう。進化論的に動物的直感を育んできた外界システムと今の外界システムは違うのだが、今のシステムもある程度身体化しているのである。その意味では、動物的直感に戻るというよりは、ルールのアローワンス（許容度）の幅に対する感覚の差によるものかもしれない。

運転体験と順法精神の変容

法律や規則といったルールに照らして、ある現実が違法か合法かを判断するのは単純ではない。そのために巨大な法曹界というものが存在する。前述の歩行者の信号無視が法律的にどう扱われるかは知らないが、クルマなら信号無視は明確に違反だろう。信号無視はデジタルにシロクロが判然としているから、罪の軽重は別にして、違反にせざるを得ない。それに対してスピード違反はアナログである。制限速度をオーバーする程度に応じて悪質さが連続的に増加する。クルマの流れのスムーズさを心がければ小さなオーバーは始終おこる。だからデジタルな違法行為ほど心理的バリアーはなく違法と合法を行ったり来たりすることになる。

一九六〇年代の後半から自家用車が増えると、こういう「行ったり来たりする」経験をする人間も増えてきた。するとそれまで「私は何一つ悪いことをしてないのに……」と自己の潔白性を引き合いに出した社会批判が憚られるようになった。私も共稼ぎの身で保育所への送り迎えにクルマを運転する生活になった時に感じた順法感覚の変容を今でも覚えている。また、職場ルールの相談などの際にもスジ論と現実論の分布が無運転派と運転派に相関しているように見えたものである。まさに実体験が制限速度という規則と現実の関係についての感覚を変容させるものなのだ。「理屈はそうだけれど、現実は……」といった具合に、論理的整合性への畏敬の念が薄らぐのである。敗戦直後の〝持たざる者〟の道徳的潔癖さを根拠にした社会批判の風潮はこの車時代の到来によって微妙に変化していった。体験は順法精神のアローワンスを変容させるのである。

秩序保持の守護神としての科学

ここで「四条木屋町交差点」から離れて一挙に一八〜一九世紀ヨーロッパの科学に目を移そう。私は従来のヨーロッパでの科学の〝社会的登場の語り〟の中でロマン主義の時代がスキップされていることに注意を喚起してきた。拙著『職業としての科学』(岩波新書)で記したように、一八世紀から現在までをキーワードの推移で言えば「啓蒙-ロマン-専門-産業・国民国家-冷戦-グローバル」で歴史をみる見方である。「法の支配」の国家秩序と科学の法則が大きく交錯するのが「啓蒙-ロマン-専門」の時期である。

ここにナポレオンが退場した一八一九年頃に英国で出版された一つのポンチ絵がある。対岸のフランスでおこった革命から帝政終焉までの混乱を尻目に、大英帝国では堅固な秩序が保たれていることを讃えるのがテーマである。絵の真ん中には聖書の上に英国の憲法とその法体系を暗示する大部な本が重ねられている。そして、ここからが本章で取り上げるポイントなのだが、これらの聖書や憲法の社会秩序を支える法が、大地におかれた「Oder is Heaven's First Law（秩序は天の第一法則）」と書かれたマットの上に乗せられていることである（J. A. Secord, "Visions of Science", The University of Chicago Press）。フランス革命の影響で英国でもおこっている動揺を鎮めるための保守派の宣伝用のポンチ絵である。現行の政治や宗教の秩序は自然に根拠づけられていると主張しているのだ。自然一般というよりは文字通り天界（Heaven）といった感覚だが、その自然が「法の支配」のメタファーとしては最上のものだったのである。

反「法の支配」としてのロマン

広い社会から見れば一握りの学識者の関心事であった科学の営みが一気に大衆の前に登場したのが一八世紀末から一九世紀の三〇年代ぐらいまでのロマン主義の時代である。近代への聖俗革命を推し進めた啓蒙主義の流れを担ったのは社会の上層階級のサロンに集うような人々であった。そこでの過激な思想が大衆社会に漏れ出て暴力的なフランス革命に飛び火したように、それまでは一部の秘儀的（esoteric）な営みであった科学の営みが大衆の興味を掻き立てるかたちでブレークしたのがこのロマン主義時代であった。

精巧な機械時計のように作動するデカルトの機械論的自然観がその反対物として生命論的自然観を生み出したといえる。理性を強調する啓蒙主義の流れで語られる科学の自然は「法の支配」であった。先のポンチ絵はロマン主義でブレークする科学の使い方ではない。権威保持のための保守的な政治利用である。ここで注意したいのは啓蒙主義時代の科学にとって重要な脱権威の旗印も大衆にはまず「法の支配」という新たな統治原理として立ち現れたことである。特に、英国ではニュートン力学は神を合理の守護神とする理神論であるとして盛り上がった時期もあった。

科学は旧世界を突き崩す一翼を担ってきたというイメージからすると笑うべき利用法に見えるかもしれない。しかし現代のテクノロジーの進歩によるイノベーションが資本主義を持続させるというイデオロギーとして科学のワンダー（wonder）が利用されており、一笑に付すような話でもない。しかし、当時、科学が大衆にブレークした大きな方向は保守よりはよりロマン主義と結びついた不安定さの渦中においてであった。

ロマン主義の勃興

啓蒙主義時代のサークル科学が担っていた脱権威、実証、合理といった近代民主主義化への先導役の芽がそのまま大衆的にブレークしたのではなかった。統治原理としての自然と社会を貫く「法の支配」観は大衆に制御不能な多様な反応を引き起こした。これがロマン主義時代における科学の大衆的ブレークであった。もともと先進地帯で勃興したロマン主義運動は理性を中心に据えた啓蒙主義への反抗として登場したものである。社会全般の世俗化という大変動の中での精神的不安も絡んだ、伝統的な自然観という古層への憧憬でもあっただろう。潜在的な生命論的自然観も機械論的自然観が登場する中で初めて自覚的には表出したものである。

実証、合理を基本にする反形而上学的批判主義のサロン科学は感情的な昂りを抑え、冷静に物事に対処するといった理性の営みである。つまり飛躍や感情を尊ぶロマン主義とは正反対のものである。ネクラとネアカの対比といってもよい。それなのに一部の秘儀的営みであったサロン科学がロマン主義時代の中で大衆にブレークしたのだ。その後に「専門－産業・国民国家」の制度科学に移行して技術による社会の改造は急進する。その反面、ロマン主義時代に一時ブレークした科学と社会のドロドロした精神的な結びつきの残照は引き継がれた。サロン科学の理性主導の科学精神は制度科学には引き継がれたかもしれないが、「大衆的ブレーク」のポイントはそこではなかった。むしろ宗教や芸能が織りなしていた世界に科学が参入し、脱宗教・世俗化の進行の中で宗教の代替機能を果たすものでもあった。何よりも大衆が引き込まれたのはワンダー（wonder）の源泉としての科学である。秘儀をもっぱら聖人の奇蹟にみてきた大衆にとって新興科学がもたらすワンダーは聖人の奇蹟以上に刺激的なものであった。

「啓蒙－ロマン」の時代

先に記したように私は科学の展開を「啓蒙－ロマン－専門－産業・国民国家－冷戦－グローバル」というキーワードの流れで捉えている。ここで「啓蒙－ロマン」の時期の思潮は次のようであった。「一八世紀末から一九世紀半ばのヨーロッパの文学と芸術であるが、それは旧体制崩壊後の市民的・近代的な自我の内部矛盾の発露であり、啓蒙主義の理性に対抗して〝感性、心情、直観、自然体験、旅、太古、英雄、天才、愛〟などが提示された。英仏の文明化に抗する南ドイツのカトリックにのこる中世的雰囲気への憧憬から火がつき、ドイツ・ロマン主義が勃興し、理性が主導していたかに見えた英仏に波及した。ロマン主義では互いに矛盾したものが同居し、〝意識の分裂や内面の夢想が持つ形式破壊の力〟により、現代の芸術や知的活動の温床になっているともいえる（『岩波　哲学・思想事典』ロマン主義の項目）。

合理と実証を掲げ、理性を中心にすえる啓蒙主義の科学の理念とロマン主義は敵対するものである。しかし現実の歴史においては、ロマン主義の風潮にのって科学が、エリートやパトロンから、市民に広がったのである。ハーシェル、ボルタ、ハワード、フランフォーファー、デイヴィー、ファラデーといった、従来の身分の低さと拘わりなく天才科学者へ変身することに人々は英雄譚として異常な関心を持った。拙著『異色と意外の科学者列伝』(岩波書店)にはこうした物語をいくつか記した。さらに、航海による未知の世界の探検、気球乗りの冒険、演技実験のパフォーマンス、酸欠や雷の生々しい体験、デーテの自然学、コールリッジなどの詩人学者の活躍、アラン・ポーの夢想、などなど、科学は理性の集団から多彩な人間模様の動きに伴走することでその彩りを倍加した。

「ワンダーの時代」

科学の「ワンダーの時代」はホルムズの本に詳細に描かれている(R. Holmes, "The Age of Wonder : How the Romantic Generation discovered the Beauty and Terror of Science", Harper Press)。彼は英国でのこの期間を象徴的には、バンクスを伴ってキャプテン・クックが世界一周航海に出た一七六八年に始まり、チャールス・ダーウィンが乗船したビーグル号が世界一周に船出した一八三一年頃に終わりに近づいたとしている。

この時代の科学の歴史があまり語られないのにはわけがある。内容に接すれば分かるがある意味〝ハチャメチャ〟な歴史なのである。科学そのものというより、科学と大衆の関係が〝ハチャメチャ〟な騒々しさに満ちたものだったのである。「科学者にあるまじき……」というフレーズで表現される「専門」以後定着した規範やイメージからすれば「あるまじき」ことが多く、隠蔽とはいかずとも敢えて語られなかったのだ。しかし「ＳＴＡＰ細胞騒動」で実感したように、現在も大衆が科学に何を求めるかはロマン主義時代の科学と瓜二つである。そして内容には不可触の高度科学が大衆と精神的に接する場面ではますますこの傾向が今後強まっていくであろう。その意味で「ロマン主義時代の科学」は極めて現代的課題だといえよう。

ロマン主義の時代の特徴の一つは、発見された知識・実験・制作と人物が分離されていないことである。大衆の関心は人物と一体になったものである。英国ではデイヴィー（一七七八～一八二九）のデモンストレーション実験が主体のレクチャーが評判をとった。人々は彼の容貌やパフォーマンスに魅了された。それは教会の説教師、シェークスピア役者の演技、音楽の演奏者、などをみる目と同質のものであった。コールリッジ、キーツ、ワーズワースといった当代人気の詩人たちとの賛辞の交換もパフォーマンスを盛りたてた。クリスマス・レクチャーで有名なファラデー（一七九一～一八六七）はデイヴィーに見出された後継者である。

もう一つのこの時代の特徴は言語的知識よりは実物や体験への異様な執着である。帝国主義がもたらす未開の地からの珍物も刺激的だった。また現代のように科学の成果の製品に日常的に接する時代ではないから、電気の効果もそこで初めて目にしたわけだ。当時は光学、電気、化学反応などの最先端の科学が聴衆の前でデモンストレートできたのである。そしてより刺激的なものとしては、化学実験で発生する笑気ガスを吸引して精神的にトランスする体験もあった。現代の薬物体験だが、街中で有料で吸引させるビジネスも一時あったようだ。

現代におけるロマン主義科学

ロマン主義時代での科学の「大衆的ブレーク」の歴史を振り返る重要性は、今後の高度化し大規模化した制度科学と大衆社会の関係にこれが再現されつつあると思うからである。「専門‐産業・国民国家」の推移の中で、科学精神というべき精神的態度は制度の中に封じ込められる。大衆は産業や医療などによってその技術的成果に囲まれて生活するようにはなっているが、決して前記のような科学的精神を体現しているわけではない。また制度科学の肥大化は構成要員の意識を多様なものにした。

もちろん古典的な科学精神の価値は専門家の間や後継者のリクルートの教育の中では保持されているかも知れないが、第12章で述べる民主主義社会の基礎としての「科学する心」はもう語られなくなった。伝統社会から国民国家建設という近代化の時代には科学精神はこの流れに沿う教養主義の旗印であった。だが今後は大衆と制度科学の結びつきはロマン主義時代のそれに戻りつつあるように見える。

その兆候を列記してみよう。科学の知見は刺激的な大衆娯楽映画にネタを提供している。『スター・ウォーズ』、『エイリアン』、『2001年宇宙の旅』、『ターミネーター』、『猿の惑星』、『E.T.』、『未知との遭遇』、『トランセンデンス』、『エリジウム』、『パンドラム』、『ベイマックス』、『バタフライ・エフェクト』、『スライディング・ドア』、『ジュラシック・パーク』、『ディープ・インパクト』、タイムワープの『インターステラー』など、映像技術の進歩が刺激をますますエスカレートさせている。プレゼンテーションも映像技術の進歩で派手になる一方であり、その上インターネットの動画配信でどこからでもアクセス可能になり、容姿や表現術も大事な要素になっている。

ヒッグス粒子やロゼッタ衛星でのテレビや映画を絡めた大掛かりなイベントや広報には驚かされたが、基礎科学の意義は正確に伝えるのは難しいので刺激を求めた大げさな言葉やパフォーマンスが氾濫する。STAP細胞騒動で見た広報の光景はこれからは常態化するのかも知れない。ホーキング・ブームの様なヒーロー崇拝はいっそう加熱するだろう。You Tubeにアップされるレクチャーもパフォーマンス性とエンターテインメント性の競演に流れていくように見える。笑気ガス吸引は現代でいえば無重力の宇宙体験にあたる。すばる望遠鏡やスパーカミオカンデにはさながら聖地巡行のような気分で見学者が訪れる。

科学精神

私自身は社会に理性的な行動を広める意味での科学精神が教養の一部として広がることを夢見ている。先端科学の知識ではなく、仕事や暮らしの中で発揮できる科学的賢明さを身につけることである。つまり修養という学問観である。しかし大衆と科学の大きな接点がワンダーであることをロマン主義時代の科学は教えている。この接点は今後も続き拡大するものであり、私が提唱する「四つの科学」（第12章参照）の内で「ワールドビュー」もその一端を構成する。制度科学は宗教や芸能と同様に「煽りの文化」でもあり、「鎮めの文化」でもあるのだ（拙著『科学と幸福』岩波現代文庫）。ただ理性と対比される「ロマン」は往々にして人々を煽ることで社会に不安定をもたらす。技術的達成がもたらす危険性と同じように、科学は危険な精神的影響をもたらすこともあるのだ。

「やしの実」

名も知らぬ　遠き島より
流れ寄る　やしの実ひとつ

故郷の　岸を離れて
汝はそも　波に歳月

（作詞　島崎藤村）

「島崎藤村の「ヤシの実」の詩や柳田国男の「海上の道」でも知られるように、南洋は日本人にとって、ロマンと憧憬の地域であっても、決して軍事的侵略的対象ではなかった。その後突如として、南方進出が「国策」として採択されるようになったのは、昭和一〇年代に入り、「大東亜共栄圏構想」が出てからのことである」（矢野暢『日本の南洋史観』中公新書）。

言うまでもないことだが、科学の「ロマン」は時に政治や軍事に展開していくことを我々は知るべきであろう。

第8章　「力を抜く」マッハ力学　「守るも、攻めるも」

肩の力を抜く

安保法制をめぐる国会論議が白熱しているが、安倍首相の答弁での力みぶりがきわ立っている。世間の風圧を跳ね返すには、これくらい力まないと持たないということかも知れない。この力みぶりを異人の登場として見惚れている人もいるかも知れないが、与党幹部には頂点の立場をわきまえて肩の力を抜いて対応して欲しいという思いもあるだろう。「力を抜く」にはどうしたらいいか？　しかしこの論議が自衛隊のforce（武力）の行使を巡るもので、多くの国民にとっては非日常となって久しいforceへの想像性を掻き立てるには力む必要もあるのかもしれない。

「力」をめぐる科学と世間

第7章でとり上げた、安倍政権からよく発せられる「法の支配」の「法」という言葉と同様に

「力」という言葉も科学と世間の両方で適当に相手の世界でのイメージと重ねて多用される言葉である。「法」は現実そのものをメタ的に見る際の概念だからクロスオーバーは限定的であるが、「力」は日常に深く浸透している厄介な言葉である。白川静『常用字解』（平凡社）によると、「力」という漢字の字義は耒（鋤、すき）の形からきており、「耒を使って田畑を耕すことは多くの労力を要することであったから〝ちから、はたらき、つとめる、はげむ〟の意味に用いる」とある。地面から鋤にかかる物理的力、鋤を支える身体力、この労苦に耐える精神力、この労苦を受忍する社会的拘束力……、正に物理・身体・社会が一体として「力」がある。この点は欧米語でもほぼ同様である。

ストックとフロー

日常での物理・身体・社会にまたがる「力」の意味合いはストックとフローに大別される。例えば西尾他編『岩波国語辞典』の「力」の項目では次のように「働きのもと」と「動かす作用」に大別している。

1. 外に現れる働きのもと（として考えるもの）、人・動物が動いたり他を動かしたりする作用、ものを動かす作用をするもの・持ちあげる、力になる、力をかす、身につけた能力実力、ことを行う意気込み、気力……

2. ものを動かす作用、力の現れである腕力、暴力、勢力、物理の作用、感動を呼び起こす音楽の力……

ここで「もと」がストック、「作用」はフローである。

〝力む〟とはフローであって、ストックとしての「もの」をひけらかすようにフローを全開にすることだ。秘めた「もの」を露出せずに威信を保っての説得の手法もある。「力を抜く」とはストックを空にするのではなく、フローを絞ることだと言えるかも知れない。

物理学の「力」

話を少し学問に移していくと、「力」の使用は次のように変遷した。「本来、漠然と自然哲学・社会哲学共通に用いられる概念であったものと考えられ、ホッブズ、スピノザの時代までは、たしかに物質的力、生命力、政治権力などは一緒に論じられたが、一七世紀の機械論的自然像の中核をなす近代力学の成立以降は、自然哲学、ことに物理学が取り扱う対象と見なされるようになった」（『岩波　哲学・思想事典』の「力」項目）。

ニーチェの異作『力（Macht）への意思』（原佑訳、ちくま学芸文庫）や自然・身体・社会を積極的に行き来する詩的使用は別にして、学術的概念として発展したのは「機械論的自然像の中核をなす近代力学」の「力」であったことは広く認識されている。ここで「機械論的」とは物質に秘められたストックとしての活力を原因とする力ではなく、空虚な空間を隔てた各部をつなぐ関係性、「機械の部品をつなぐ力」のことである。

「力学」という翻訳の問題性

現在では、まず本家本元の物理学に力概念があり、それに擬えるかたちで「自然・身体・社会」でのこの言葉の使用があると錯覚するほどである。その反作用で「力は物理学の中核をなす」という憶測も広く流布している。ところが近代力学から発展した物理学の先端にいくと力は姿を消してくる。すなわち力は〝抜かれる〟ことになるのである。

こんなことを言えば、物理学の専門家も含む多くの人から「でたらめを言うな！」と抗議されるかもしれない。まず、ハイテクから素粒子までの広範な対象に有効な物理学の一般理論は古典力学、量子力学、熱力学のようにみな力学、「力」の学、を名乗っていると。これには翻訳した明治初期の時代性を反映して、翻訳が不適当だったことを指摘したい。ここで力学と訳されたのは mechanics である。運動や変化に視点を置いた dynamics も力学と訳すのが普通である。だから mechanics や dynamics から force が抜けたという話であって、一見支離滅裂に見える「力学から力を抜く」は単純に翻訳が引き起こした混乱である。

それは了解したとしても「力は今でも力学の中核だ」という専門家が多いのは承知している。それへの対応は後に言及するにして、どういう意味で「抜けた」のかを先に述べておこう。もっともそこを了解して頂いた後でも「単なる言葉遊びではないか？」という反論が残るかも知れない。それに対しては「言葉に導かれた陥穽に要注意」と後に論ずる。

力――中核への登場と退場

力学の歴史において力という概念の中核への登場と退場を Max Jammer, "Concepts of Force" (一九五七年、Dover 版 一九九九年) に沿って足早に概観しておく。詳細に興味のある方はぜひこの本を見られたい。この本にはヤンマー『力の概念』(高橋毅訳、講談社、一九七九年) という翻訳書があるようであるが、ここでは Dover 版を参照にした。

惑星の速度が太陽からの距離で異なるという関係の考察でケプラーは初めて距離で弱まる地上的な意味合いの力を数学で定量的に扱おうとした。ニュートンはこの数学路線で惑星や月の運行の法則を説明する力学の一般則を見出した。これを受けてBoscovich, Kant, Spencerらはこの力が運動を決定する原因であるとする自然哲学的見解に拡大した。この見解が広く流布した背景には、この課題とは無関係に、因果関係を力の行使で理解する伝統的性向と親和的であったことが挙げられる。啓蒙主義の時代、天や神の摂理を追い出して空白となった自然の動因として、伝統社会で馴染んでいる力を力学に滑り込ませたといえる。因果性のこの世俗化も、科学による新時代到来を啓蒙する一助となった。

ところが、力学理論の進展によって力は中核の位置から退場されていった。一つは最初の力である重力の存在論をめぐるKeill, Berkeley, Maupertuis, Hume, dAlembertらによる哲学的批判の議論である。もう一つ、一八世紀終わりから、フランスを中心とする数学を得意とする啓蒙主義者が天体の三体問題といった複雑な力学問題の解法という動機もあって、次々とニュートン力学の数理的一般化を行ったことがある。一般化とは多変数の一般曲線座標での運動法則の書き直しである。これら解析力学と呼ばれる数理理論の誕生は、力を中核とする原因結果の因果性による運動の見方に代わって、相互作用している多体系の状態の推移というシステム論的な見方を生みだした。

これら哲学と数理の二つの進展を踏まえ、一九世紀後半にMach, Kirchhoff, Hertzらによって、力を力学の中心的位置から退位させる力学の再編が進められた。Hertzらは力学とは時間、空間、質量という物理量の関係性を扱う理論であるとする観点で概念整理を行った。この数理理論では、力は一義的概念である加速度と質量の積という二義的な量であり、この派生量に与えられた用語に過ぎないと喝破した。幾つかの物体（質量）のある空間配置Xでその内の質量の一つmの加速度をaとするとma＝F(X)の関係で運動が決まる。このmとaの積が数理演算上に多出するので力という用語があるというのである。

解析力学という数理

「そんな持って回った言い方をせず、直感に馴染む力を力学の中核にしたらいいじゃない！」と苛立つかもしれない。確かにマクロな物体の運動や平衡の理論を力を中心に据えて考えることは人間に親和的である。現在でも高校で初めて数式で物理を学ぶ際には、力を中核とする思考の訓練を徹底的に仕込むのが普通である。正に力は高校物理の主役である。それにも拘らず力を抜く意義の説得には、解析力学といった数理理論の存在論的位置付けが絡んでくる。広範な科学の道具になっている数理統計理論とも違い、現実全てが数理的裏付けをもつとする物理学では現実と数理の関係は単純ではない。

解析力学では力よりはエネルギーが一義的なものとして登場する。しかし両者は数式で結びついているのだからどちらでも語ることができ、解析力学は単なる技巧上の書き換えだとも見なせる。歴史的には力からエネルギーが派生したのだが、解析力学での概念構成上は逆にエネルギーから力が派生する。しかしこの差は単に数理的明快さに対する感性の差であり、現実に関わることではないと言うこともできる。単なる趣味の問題だと……。

しかし「力を抜く」必要性は趣味の問題では断じてないのである。物理学はニュートン以来三〇〇年以上も進展を続けている。対象もそれを語る言葉も大きく変貌した。理論的進展を列記すれば電磁気学、熱力学、相対論、量子力学、場の量子論などである。人間の感覚にふれるマクロな現象の背景には分子から素粒子にいたるミクロの存在も発見され、同じ存在をマクロにもミクロにも視点（検出・観測）を変えて捉えることができるようになった。化学や生理もこの配下にはいった。

この目覚ましい進展にも拘らず、一貫しているのは力学と統計・情報学である。そしてそのうち時間・空間・質量（同じ意味でエネルギー）を扱うのが力学である。しかしこれは解析力学のことであって力を中核とする力学ではない。力学と熱力学をつなぐ統計力学でも、ミクロの存在を記述する量子力学と古典力学をつなぐものでも、そこに登場するのは解析力学化された力学である。そして「量子」でも「古典」でも、力を原因とする因果律ではなく、解析力学の見方が導入するシステムの状態数や状態の時間推移などを記述する。人間に親和的な力を中核にした見方はここでは全く通用しないのである。

メカニクスと力学

明治の初め mechanics を力学と翻訳したのは正に名訳だったと思う。それが適訳でなくなったのは統計力学や量子力学がその後に登場したからである。しかし高校物理で（あるいは大学教養物理まで）はそこまでは学ばないのだから「力学でいいじゃない！」と言われるかもしれない。むしろ先端研究の場に行くほど「真空という場（物質）」とか「光子（光粒子）の波長」といった会話が飛び交うように、述語を単なる符丁として操るようになるから、そこでは力学でも逆にいいのである。ところが、「力学」と初対面の場では自然・人体・社会でたっぷり味付けされた「力」から出発して力学の学習が始まる。これは言語の危うい側面であると同時に、枢要な役割でもある。だから命名はこの入門時にこそ重大なのである。

「だけど実害がなければいいじゃない。害どころか、力の学と思ったほうが高校物理には適している」と言われるかも知れない。これに対して、唐突だが私は、「メカニクスでなく力の学のイメージが日本のモノ・ハイテクを興隆させたと同時に「失われた二〇年」のソフト・ハイテク（アップルなどの人間に視点をおいた技術）の失速を招いたのではないか？」という問題提起をしたい。技術のマインドを深く知るところではないので単なる仮説だが、大事な課題だと思う。

「あいつはメカに強い」などというように、メカニクスには機械学的な意味合いがあり、力の学という自然哲学的意味合いとは精神性において雰囲気が違う。「機械」には力で結びついているイメージが残るが、メカニズムでは動因としての力は脱色されている。ロボットにはメカニクスが似合うが、力の学はあまり似合わない。……こうした各言語でのイメージの差は入門者には大事であり、精神性の形成にも関わるものだと思うが、ここでは問題提起にとどめておく。

マッハと数理――思惟経済と関数関係

解析力学は単なる「書き換えか?」ということに関係した話題に移ろう。現在、数理手法は「自然・身体・社会」に広がっている。「社会」では情報通信、金融、ビッグデータ、AI、ロボット……と止まるところを知らない。先日、映画『ビューティフル・マインド』のモデルで知られる数学者ナッシュ博士夫妻が交通事故で亡くなった。ノーベル経済学賞を受賞した彼の業績はゲーム理論であり、まさに戦争や経営の戦略理論である。日本では数学者というと霞を食って生きている純粋科学のイメージがあるが、欧米では富豪を目指して数学者を志す若者も多いのである。コンピュータの威力向上により、良し悪しは別にして、社会での数理の活躍はいっそう拡がるだろう。

「世紀転換期」を代表する学者マッハには原子を否定した時代遅れの学者のイメージがある。彼の標語「操作主義、反形而上学的実証主義、思惟経済説、関数関係、感覚要素とその複合」は何れも非ロマン主義的である。これが芸術家と同類に分類されたいと思う多くの二〇世紀初めの科学者に不人気であったし、加えて全く別な流れでレーニンによる批判もあった。「日本でも〝進歩的〟といわれる学者たちは、マッハに触れることを自ら拒んだらしい。九版まで出た原著の『力学』が、日本の青木一郎さんの翻訳ではほとんど読まれなかったし、久しく絶版状態にほおっておかれた。私は文庫本の出版編集者に向かって、マッハ『力学』を採用するように何度も要請したことがあるが、誰もきいてくれなかった」と学術会議会長も務めた理論物理学者の伏見康治は語っている（エルンスト・マッハ『マッハ力学――力学の批判的発展史』伏見譲訳、講談社）。

こんなドロドロした感じのあるマッハだが彼の標語の一つである知識を「関数関係」で表現するという手法の提唱は今日の「数理」隆盛の一因につながっている。彼の力学史の本では、解析力学を力学の幾何学的表現の視点から当時最先端のグラスマンの数学にも注目している。例の原子論議をめぐっても「原子は固有関数だ」という彼の発言が残っているが、これも対象に応じて記述法は柔軟であるべきだと言っているのだ。実際に原子核の周りを電子が回っているといったいかにも実在風の原子観はなんの有用な知識ももたらさない。この専門業界で原子を語る用語はエネルギー準位（レベル）であるが、この準位の分類法はまさに波動関数を表現する固有関数の指数なのである。

何を探求するのか？

マッハは科学における探求の意味をこう語っている。

「あらゆる科学は、事実を思考の中に模写し予写することによって、経験と置きかわる、つまり経験を節約するという使命をもつ。模写は経験それ自身よりも手軽に手許においておけるし、多くの点で経験を代行できるものである。科学のもつこの経済的機能は、科学の本質を貫いているが、きわめて一般的に考えても明らかとなろう。この経済的性格を認識すれば、神秘主義は科学から一掃される。講義をして科学を教える目的は、ある個人の経験を伝えることによって、別の個人がその経験をしなくてすむようにすることにある。同じように、ある世代全体の経験は書物にして図書館に保存し、別の世代に伝え、彼らにその経験を節約させるのである。

私達が原因と結果について語るのは、ある事実を模写する際に私達にとって重要と思われる方面で契機間の連関に注意を払わなければならぬ場合にその契機を恣意的に強調しているときである。自然界には原因も結果も存在しない。自然は一回しか存在しない。したがってAがつねにBに結びつけられるという同じ場合の繰り返しは、つまり同じ状況の下で同じ結果が生ずることは、言いかえると原因と結果の連関の本質は、私達が事実を模写するという目的のために行う抽象の中にだけ存在するものである。ある事実を熟知するようになれば、もはや連関しあっている標識をこのように強調する必要はなくなる。もはや新しい目立つものに注意を払うことはない。もはや原因と結果について語ることはない。熱は蒸気の圧力の原因である。しかしこの事情を熟知すると、私たちは蒸気を考えるときは同時にその温度に相当する圧力も合わせて考える。酸はリトマス試験紙を赤くする原因である。しかしのちには、この赤変は酸の性質の一部となる」（『マッハ力学』）。

ヒュームは因果律を認めず、なれ親しんで熟知した時間的継起だけを認めた。カントは結合の必然性は観察だけでは現れないとして悟性概念を仮定して、経験をそれで包摂した。素朴で自然な説明は次のようなものだ。原因結果の概念は事実を模写しようとする努力を通して初めて生ずる。それがインパクトをもつのは本能によるものであって恣意的、個人的ではなく人類の発達を通して準備されたものだからだ。

「したがって原因と結果は経済的機能をもった思考上の産物である。それがなぜ生じたかという問いには答えられない。というのはまさに一様性を抽象することによって初めて「なぜ」という問いを習得するからである」（『マッハ力学』）。

拙著『アインシュタインの反乱と量子コンピュータ』（京都大学学術出版会）の第六章は「量子力学とマッハの残照」である。量子力学が原子論に導かれた歴史を考えれば、原子を認めなかったマッハをなぜ量子力学の展開に再登場させるのか奇怪に映るかもしれない。また拙著『量子力学は世界を記述できるか』（青土社）では儒学の「鬼神、語らず」にも触れた。マッハは鬼を捕まえることが科学ではないと言っているのだ。マッハは便利なものは使えという意味で数学を重視しているのである。なぜなら数学は日常言語にひそむ夾雑物を排して正確に伝えるのに役立つ、と。しかし、一方でマッハは数学的存在がすべて実在であるかのように考えることには反対している。

再び科学とロマン主義

本書で何回も触れたように「啓蒙－ロマン－専門－産業・国民国家－冷戦－グローバル」と科学は推移してきたが、いまの科学界にも「啓蒙」と「ロマン」は入り乱れて存在している。「専門」の時代以後は、人生での自己実現の意味でのロマンも加わったが、それは科学者という職業に限った事ではない。ここで言っているのは多くの科学者が研究の対象に抱く超越的な感情のことである。一体感、思い入れ、没入、陶酔などと、科学研究を含みつつもそこをはみ出したものである。そういうパッションが研究の大きな誘引なのだと言われることも多い。鬼探しは子供の頃から心の躍るみなの憧れだ。

ところが先に触れたマッハの標語群は何れもこうした「感情移入」に冷水をかけるトーンである。彼も知識蓄積の人間讃歌のロマンを語っているのだが、本丸よりは手法についてより多く語っており、「数理」もその一つである。しかしヒュームやマッハのようなことをやっていたら、力が抜かれるだけでなく、「どこも空っぽになる！」という声が不人気の原因の一つである。

ところが「人生」と「自然」という二種類の「ロマン」の「人生」の方は言ってみれば世間の出世主義と同じに見えてくる。意地悪く見れば、この品の悪さと混同されないためのエクスキューズとして自然にロマンで繫がる深層心理があるのかもしれない。こんな恥じらいを秘めた「ロマン」をマッハは冷笑はしない。国民国家整備の中で、権威となった科学界には庶民とは別種の人間だと勿体振る俗悪人士が増えてきた。神の国と繫がる聖職者風に「自然」と繫がるというわけだ。根っからの民主主義人士であるマッハは彼らを小気味よく嘲笑したのである。

「軍艦行進曲」

守るも攻めるもくろがねの
浮かべる城ぞたのみなる
浮かべる其の城日の本の
皇国の四方を守るべし
まがねの其のふね日の本に
仇なす国をせめよかし

（作詞　鳥山啓）

読売新聞文化部『愛唱歌ものがたり』（岩波現代文庫）によると、講和直前の一九五一年、あるパチンコ屋の元海軍兵士の店主がこの軍艦マーチを拡声器で客寄せに鳴らした。丸ノ内署は進駐軍に気を使ってそれを咎めて日比谷のMPに連れて行ったが、レコードを聞いた担当の米憲兵はOKを出した。各地のパチンコ屋でこの軍艦マーチが鳴り響きだし、ジャラジャラと玉の出る音とともに、客の気分を煽ったという。力む心を掻き立てることによって戦力（force）フェティシズムは裏打ちされ、玉はジャラジャラ出るのである。

第9章　京大同学会「綜合原爆展」「人はおばけになる」

学者と政治家

安保法制をめぐる国会論議では外枠と言える立憲主義が前面に出てきた。政権側は安保情勢の厳しい現実に対応するために、武力行使の選択肢を拡大しておくのは政治家の責務だと主張する構図になっている。法的言説体系と政治的現状認識、あるいは、言説の論理を重視する学者的人種と既存の言説を打ち破る行動家としての政治家の対立項が浮上した。

歴史を見れば、権力者の恣意的行為や権力者の交代の際の安定性のために法的言説によって縛るということが登場したのが近代国家である。大学には神学や医学と並んで古くから法学が存在していた。神託や人治でなく法治への移行は長期的な歴史の方向性である。しかし民衆の投票行動、戦争、革命、クーデター、市場などにより言説も書き換えられてきたし、政治家には学者と違う役割がある。問題は政治家の現実認識の力である。武力行使の影響ほど複雑怪奇なものはなく、またそれは庶民に実感のない非日常の世界である。だから現実認識は客観性を競うよりは主張のぶつけ合いとなる。議会は法的言説の一貫性を維持する議論の場であるべきだが、この問題を議論する議会は国民を見物人とする劇場でのアジ演説会に堕することになる。

現実認識を語る認識フレーム

政策には「現実」認識が必要だが、その不確実性は大きく、真偽のほどは誰も保証できない。認識フレームが異なれば現実認識も異なってくる。この上で、選択をある「縛りの内」に極限するのが立憲主義である。だから時に立憲主義は愚鈍な抵抗勢力として立ち現れ、それを退治することが野心的政治家の功名心を掻き立てるのだろう。言説体系そのものの改定もあり得るが、日本国憲法はこの変更が容易でない剛性のものだという。これも、不確実な認識、不確定な現実に立ち向かう知恵として歴史的に築かれたものであろう。救世主、天才政治家、天才軍師、天才政策立案者、天才精神指導者などが登場したという触れ込みは、歴史の経験に照らして、信用しないというスタンスである。クラウゼヴィッツは戦争は政治の一手法といったが、兵器威力の増大と国民国家による徴兵制、空爆による戦場の拡大で、戦争が全国民の総力戦となりそうした様相は一変した。その一方でポピュリズム政治は排外主義による安保危機を外圧に利用し、いまも政治の一つの手段として弄んでいる。

「存立危機事態」などの非日常の発言はいったい何をイメージして素面で喋っているのかと思

う時がある。先の大戦の最後の場面を思い起こせば「存立危機事態」なら武力行使は停止というのが歴史的教訓だと思う。「国民の生命、自由及び幸福追求の権利」の蹂躙が「存立危機事態」なら先の大戦中の我が国はいかなる意味で存立していたのか？　国家の非「存立」とは何の不在を言うのか？　領土、人民、生命、食料、資源、通貨、自由、民主主義、尊厳、誇り、愛国心……、と限りない抽象化に向かうであろう。そういう無意味な言語を素面で弄ぶ姿も異様である。このような非常時論議からふと目を日常に向けると、ＳＦ映画を見て映画館の外に出た時の目眩と似たものを感じる。

戦後七〇年――原爆の認識

安保論議は戦後体制の転換と同時進行で、「戦後七〇年」の言説体系の転換という訳でもある。七〇年といえば遠い過去だが。しかし、国際的には冷戦期間に凍結されていた歴史問題が噴出しだしたのはこの二〇年だと考えればそう遠い過去でもない。個人的には国民学校二年生からズーット体験してきた七〇年だが、言わずもがなだった常識が世の中から次々と消え去っていくのを感じる。その一つに原子爆弾投下の惨禍とその人類史上の意味が認識されてきた経過がある。

現在では広島・長崎への原爆投下は世界史上の大事件の一つと見なされている。ゲルニカ、ドレスデンなどと同様に、ヒロシマ、ナガサキは戦争悲劇を語るキーワードである。大都市である東京、ハンブルグ、ロンドンへの空爆の死傷者数は巨大だが、前述の中都市攻撃は全滅のイメージである。さらに一発の新爆弾で全滅したヒロシマ、ナガサキは科学技術の進歩にも問題を突きつけた。カタカナで「ヒロシマ・ナガサキ」と表記されるようになったのは、こうした人類史的大事件であるとの認識の広まりを表している。

ここで指摘したいのは、この「ヒロシマ・ナガサキ」の認識までに要した長い時間と、妨害の中で勝ち取られたものだという事実である。最近は、少なくとも日本では、人類的蛮行に非難の声がすぐ沸き起こったかのように錯覚している人が多くなっている。だが、大きな意味の認識というものは必ずしも「現場にいればすぐわかる」、「同時代を生きていればよくわかる」、「当事者に聞けばわかる」、「認識が時代とともに消えていく」ではないのである。

「惨禍の実相」の自明化

このような錯覚を生む状況として、原爆の惨禍を語ることは〝右も、左もなく〟、〝保守も、革新もなく〟、〝親米も、反米もなく〟、〝容共や、反共もなく〟、万人が自明のこととして受容している現状がある。この万人が共有する「惨禍の実相」は核兵器の廃絶を願う平和運動を生み出しただけでなく、巨大な核ミサイル体系、国際核管理、核保有国に備えた軍拡、仮想敵国設定による国内政治の掌握、等々、にも利用されている。すなわち同じ認識のうえに、「だから廃棄を」の平和派も、「だから備えよ」の軍拡派も存在している。このため、「南京事件」の実相認識が定まらないのとは違って、核兵器の「惨禍の実相」はなんの抵抗もなくインスタントに受容されたのだという歴史への錯覚を生むのであろう。実際は隠蔽しようとする勢力との長い戦いを経て自明化したのである。

「対ナチス」から「東西対決」へ

いまでは原爆開発は悪そのものと考えられがちだが、ウラン核分裂の発見がナチス政権下のドイツであり、連鎖反応での巨大エネルギー発生が予言されると、ナチスが原爆をつくるのではないかという恐怖がおこった。一九三九年にアインシュタインが米大統領に原爆開発を進言したのもこの恐怖の故だ。他の進言もあり一九四一年末からウラン濃縮の検討を始め、一九四三年春にはロスアラモスにオッペンハイマーを指導者とする巨大な秘密研究所を開設した。そしてドイツ降伏後の一九四五年七月一六日にアラモゴードでの爆発実験に成功し、二発目が八月六日の広島、三発目が九日の長崎に落とされたのだった。

五月にドイツが降伏したのでナチスを逃れてこの開発に参加した亡命科学者にとっては「対ナチス」の大義名分は失せた。亡命科学者であるレオ・ジラードとジェームス・フランクは原爆の威力をデモストレーションして今後は使用禁止の兵器として国際監視するよう提案した。道徳的理由でこのプロジェクトを脱退したロートブラットは、後に核廃絶のパグオッシュ運動を展開し、ノーベル平和賞の団体賞を受賞した。

逆に言うと、ナチス敗北、原爆完成の時点で、事態を認識しているプロジェクト参加者や政治関係者の範囲は限定されており、原爆を日本に使用することへの異議申立はこれしかなかった。日本降伏での大戦終結で原爆開発に動員されていた大半の科学者は大学などに帰った。それから五年ほどして今度は、対ナチスではなく、対共産主義の大義名分の水爆開発が政治的に提起され、オッペンハイマーらの一部の関係科学者が反対し、意見が二分した。このとき反対したオッペンハイマーも平和主義で水爆に反対したのではなく、別の兵器体系を提案して反対しているのである。しかしこの時点でも「毒ガス禁止」と同じような意味で、「核兵器禁止」をするべきという問題提起が、ほんの一握りの関係者の間とはいえ、初めて登場した。しかし核問題が公衆の間で大きく問題化するのは次に述べる水爆開発の実験による被爆事件からであった。「ヒロシマ・ナガサキ」で地獄をみた人たちがあげていたか細い声も、この大きなうねりの中で広く世界に広まったのである。

水爆実験被爆で認識拡大

「一九五三年八月にはソ連が水爆を実験、米も翌年三月にビキニ環礁で広島型の千倍の爆破力という水爆実験を行った。この実験では近くのロンゲラップ環礁諸島の多くの島民と近くで操業中の第五福竜丸の乗組員が放射能被爆し、これをきっかけに日本では実験によって進行している「死の灰」汚染と増強核兵器使用の恐怖が広く認識された。原水爆禁止の市民運動は大きく燃え広がり、一九五五年には広島・長崎原爆の生々しい惨禍が世界にも公表され、第一回原水爆禁止世界大会が被爆地で開かれた」（拙著『科学と幸福』岩波現代文庫）。

ビキニ事件の前であったが、わたし自身も含めて多くの国民が「ヒロシマ・ナガサキ」被爆の写真に接したのは一九五二年八月の週刊グラビア雑誌『アサヒグラフ』（朝日新聞社）によってであった。我が家では『アサヒグラフ』を購読しており、中学生の少年にも刺激的なものだった。この年の四月にサンフランシスコ講和条約が発効し、占領軍による検閲が終了した直後だった。ほぼ同時期に単行本の写真集も出版されているが、『アサヒグラフ』の効果は大きかったのではないかと思う。

「二度殺されたのだ」

「戦後の無念は数々あるが、なかでも一番の無念は、敗戦と占領との隙間にさえ、日本人の手にあった原爆情報が生かされず、国民の側も受身の情報にのみ慣れて、能動的に知ろうとはせず、無知のまま七年の歳月を経過して、歴史の欠落を許した点にある」（堀場清子『原爆　表現と検閲――日本人はどう対応したか』朝日選書、一九九五）。

一九八〇年代になって日本占領時代の検閲資料がブランゲ文庫として大量にメリーランド大学に保存されていることがわかった。前掲の堀場の本はこの資料を原爆検閲中心に調査した報告である。検閲で没収された資料は被爆の実相を必死に広めようと行動した様子を伝えている。検閲は手記や紙芝居などの庶民が庶民の心を動かす生々しい数々の雑多な工夫を一切差し止めたのである。

「なんといっても、強烈に意識に訴えるフィルムや、医学資料を略奪し、なまなましい記事や写真を闇に葬ったアメリカと日本、双方の権力の、隠蔽にまかせた七年の歳月が、行動を起こすべき被爆側の意識に、回復しえないダメージを与えた。隠蔽者たちの目的は、十分な効果をあげたといえる。まさに被爆者は、アメリカと日本の権力によって、二度殺されたのだ」（堀場前掲書）。

単品報道の限界

私自身の体験に戻すと、『アサヒグラフ』の二七枚の写真は酷さを直接訴えるものではあったが、あくまでも大きな現実の切り取られた一片であり、それから原爆の問題性が認識できるものではなかった。さらにこれらは「七年前の写真」であり、現在のマスコミ報道なら七年前を語る証人を登場させて切迫感をだすのが定石だろうが、当時は原爆の被害当事者は隠れた存在だった。だから、マスコミ的にはスクープ特報写真だったとしても、効果は限定的だったのではないかと思う。その社会的意味のフレームの欠けた個別の写真の訴求力には限界があるのだ。「ヒロシマ・ナガサキ」の歴史上の意義がまだ広くは認識されていない時期である。画像がいかに真実を伝えているとしても、系統的な意味付けなしでは伝わる内容は限られているのである。

京大学生による「綜合原爆展」

その観点で言うと、京都大学の学生自治会（同学会）が一九五一年夏に挙行した「綜合原爆展」

は、一枚のスクープ写真もなく原爆の意味を「綜合的」に構成して伝えようとした稀有な試みであった。後の一九六〇年、世界平和評議会がこの展示会に平和賞を授与している。

小畑哲雄『占領下の原爆展』（かもがわ出版、一九九五）を参考に概略を記す。

きっかけは春季文化祭（一九五一年五月一四〜二〇日）の原爆展であった。「この年の春季文化祭は「わだつみの声にこたえる全学文化祭」と名付けられていました。「わだつみの声」とは、戦時中、学徒動員によって、学業を途中で投げうち、戦場で若い命を失わなければならなかった戦没学生ののこした「声」なのです」（小畑前掲書）。戦没学生の文集『きけわだつみの声』も出版されていた。まだ戦後六年目で、多くの学生は直接に様々な戦争体験をしていた。そんな中、一九五〇年六月に朝鮮戦争が勃発し、日本の米軍基地から爆撃機が飛び立ち、街の映画館では朝鮮戦争の凄惨な映像に接した。警察予備隊という軍隊も復活し、若者は再び戦場に立たされる不安が募った。戦況は一進一退で米軍が押し込まれたときには原爆使用の可能性も新聞におどった。そんな中、「広島で被爆し、その経験をもとに小説「夏の花」を書いた作家原民喜は、この記事に前途の希望を失い、（三月に）鉄道に飛び込んで自殺をしました」（小畑前掲書）。文化祭での原爆企画にはこうした時流があった。京大の西部構内に展示された会場には四〇〇〇人が訪れ、アンケート回収は五四三人と記録されている。学外者が多く、修学旅行中の女学生の姿もあった。原爆が人々をひきつけ始めていたのである。

病理学者天野重保の執念

五月の文化祭には「原爆に関する講演会」もあり、講師は理学部助教授木村毅一、医学部助教授天野重保、それに小説『屍の街』の作家大田洋子である。木村は原爆直後の京大調査班の一人として放射線調査で広島に行った実験物理学者である。当時、天野は病理実習の授業で原爆の特異性に言及し、学生のあいだで話題になっていた。京大調査班が遺体から収集した標本のスライドを何枚も示して、原爆による人体の被害は造血作用の完全な破壊であり、再生不能であることを結論づけていた。標本スライドを何枚も用いる緻密な講義内容をフォローできる人は限られていたが、「思想・信条・宗教の違いはあるだろうが、原子爆弾に関しては皆さん反対している。私は一病理学者として、全く同じ立場である」(小畑前掲書)の最後の一言には満場の拍手だったという。

被爆を題材にした出版は当初は全部発禁となっていたが一九四八年一一月に一部を削除して、原民喜『夏の花』、大田洋子『屍の街』が出版され、一九五〇年には永井隆『この子を残して』、原『原爆詩集』などが続いた。講演会の機会に行われた被爆した二人の学生と大田の対談内容も学園新聞に掲載された。

一〇日で三万人見学

ともかく学内行事であった原爆展の思わぬ反響に気づいた学生たちはこれをもとに展示物も拡大して街の中に打って出たのである。「綜合原爆展」は京都駅前の丸物百貨店を会場にして、一九五一年七月一四日から一〇日間、京大学生自治会（同学会）主催で開催され、入場者三万人と記録されている。そして続く夏休み中の活動として各地でミニ展示会が試みられた。その過程でも大学当局や会場所有者への官憲の圧力があった。会場の丸物百貨店も一旦決まったのちに外部からの圧力で断ってきたが、卒業生のルートなどを使ってなんとか押し返した。地方の開催にはさらに露骨な妨害や弾圧があった。

最近、京都大学学術出版会の事務局長をしている鈴木哲也氏から当時の展示パネルの一部の写真から再現したパネルが存在すると聞いたが私はまだ見たことがない。一八〇枚のパネルのテーマ構成と担当学生の学部名は次のようであるが、まさに「綜合」を冠した心意気がわかる。

「原爆の人体に及ぼす影響」　医学部
「稲などの植物に対する影響」　農学部

「原爆の原理」　理学部
「建築物への影響」　工学部
「国際管理」　法学部
「平和利用」　理学部
「科学者、宗教者の声」

この原爆問題を綜合的に提起する努力には敬意を評するが、一般公衆を対象とする展示会としては呼び物となる実物の展示が欠けている気がする。翌年の『アサヒグラフ』のような米軍写真のスクープ写真があったわけではない。当時の学生もそのことには気づいていて努力したようである。まず占領軍からの圧力を感じつつも天野氏から病理標本の提供を受けた。さらには学生三人が広島に出向いて「トランク一杯のこわれた瓦、とけた硝子、その他標本大量及び写真、データー類」を持って帰った。また公然と語ることの少なかった被爆者からの聞き取りも試みたようだ。

丸木夫妻「原爆の図」

しかしこの展示会に感情を揺り動かす力を与えたのは丸木位里・赤松俊子夫妻の「原爆の図」であったのではないかと思う。現在では世界各地で展示される丸木夫妻の「幽霊」、「火」、「水」、「虹」、「少年少女」の五部作であるが、この会場に展示された「原爆の図」は初めて多くの人の目に触れた。展示会がその機会となった。また第五部の「少年少女」はこの会が最初の展示だった。説明調のパネルとはまた違うインパクトがあったものと思う。

一九六〇年の平和賞受賞時に発行された冊子（同学会平和賞受賞記念会発行）に丸木夫妻は展示会の思い出を書いている。「原爆の図」の前で説明する学生の様子に触れて次のように書いている。「京大の同学会の人人は、ムチを持って絵の前で説明して下さいました。原爆という恐ろしいもの、戦争という怪物に立ち向かうのに、自分で描いた絵に説明を加えられる恥ずかしさなど、超越しなければ、いいえ、絵で足りないところは口で、口で足りないところは文章で、ありとあらゆる方法で立ち向かわねば、ということを教えて下さったのは同学会の学生さんでした」。

空白の一〇年と未来の「ヒロシマ・ナガサキ」

堀場や小畑の前掲書にも縷々書かれているが、今では自明化された被爆惨禍を広める行動への妨害は苛烈だったのである。丸木夫妻の〝ありとあらゆる方法で立ち向かわねば〟も実感だったのだろう。ただ、私自身の体感的に言うと、原爆に目が行かなかったのは占領軍の報道管制や日本の官憲の妨害によるだけではなかった気がする。当時、多くの国民は近郊での身近な都市爆撃の悲惨や身内の多くの喪失に囲まれていた。その中では、特殊爆弾の話題にまで気が回らなかったのだ。報道も交通も局所化されていた当時、これら各地の「惨禍」で十分意気消沈していたのである。こうした中でも尋常でないと告発した文学者の感性に敬服する。

多くの国民が核兵器反対の声をあげるようになったのは、過去の「ヒロシマ・ナガサキ」が未来に準備されていることを水爆実験被爆で知ったからである。この認識が原水爆禁止の世界大会が広島・長崎で行われるようになったのは爆撃から一〇年たった一九五五年であった。この一〇年の時間差を忘れてはいけない。後から考えれば当然のことでも、渦中にあっては人間はそこに到達できるものではないのである。

二二年後の広島平和記念資料館

現在では原爆惨禍の実相を伝える広島、長崎の資料展示館は世界の聖地であると言える。しかしその設置の沿革をたどると奇怪な姿が見えてくる。広島の場合、一九四九年頃から収集品は中央公民館の一角の「原爆参考資料陳列館」に保存した。爆心地の再開発計画で建設された広島平和会館原爆記念陳列館が一九五五年に開館した。ところが直後の一九五六年には当時全国巡回していた原子力平和利用博覧会に使われて、被爆展示物は中央公民館に移された。一九五八年の広島復興大博覧会では「原子力科学館」の展示の一部として被爆資料が展示され、一九六七年までこの状態が続いた。反核兵器の世論が強まる中、平和利用関係の展示を撤去して現在のような展示の内容になったが、もう被爆二二年後のことである。展示に被爆再現人形が登場したのは被曝三〇年後の一九七五年頃だという（Wikipedia の記事を参考）。

アインシュタインと原爆キノコ雲

英文週刊誌『TIME』一九四六年七月一日号の表紙は原爆キノコ雲を背景にしたアインシュタインの肖像である。もちろん原爆という人類未踏の科学技術の輝かしい成果の基礎をつくったアインシュタインへの賛辞である。原爆キノコ雲には $E=mc^2$ という相対論でのエネルギーと質量の等価関係を表す公式が描かれている。ジラードの発案とはいえ、アインシュタインが原爆開発を米大統領に進言したのも物理学のながれで彼に当事者意識があったからである。この物理の公式と原爆を重ねるのは誤りではない。

「人はおばけになる」
げんしばくだんがおちると
ひるがよるになって
人はおばけになる

（作詩　阪本はつみ）

（峠三吉・山代巴編『原子雲の下より』青木文庫、一九五〇）

世界での原爆の認識は正に『TIME』誌の表紙のようなものから始まったのである。拙著『科学と幸福』に詳述したように、日本の関係者の発言も似た認識であった。俯瞰している識者には「人はおばけになる」真実には目が行き届かないのである。

第10章　司馬遼太郎の昭和、「行としての科学」「今は山中、今は浜」

「戦後七〇年」の前の七〇年

「戦後七〇年」は、自分には小学二年生からの七〇年目であり、七〇年という時の長さをある意味で実感できる。そこで、一九四五年の七〇年前を考えると一八七五年となり、西郷隆盛が自害した西南戦争の二年前、明治八年である。戊辰戦争、五稜郭戦争、廃仏毀釈騒動、征韓論、西南戦争などの各地の騒乱状態がようやく沈静化されて、我々が当たり前に意識する内部対立がない日本が誕生した頃である。天皇は維新の革命勢力に担がれて国家統治の中心に擬せられたが、天皇権力喪失後六〇〇年あまりが経過しているから権力復権には実体性がなく、天皇を追加した国のかたちをにわかに白紙に書くことを迫られた。そしてようやく維新後二〇年余りした一八八九年に、ヨーロッパ王権の統治機構を真似た立憲君主制が姿を現した。

現行憲法は敗戦から二年遅れの一九四七年の施行であるから、現行憲法はすでに六八年続いたことになり明治憲法の五八年よりもすでに長く続いていることになる。日清戦争、日露戦争、朝鮮と台湾併合、第一次大戦と南方諸島進出、日中戦争、ノモンハン事件、太平洋戦争と慌ただしく戦闘に明け暮れた時間の長さは約五〇年である。「戦後七〇年」の時代はもうそれよりも二〇年も長いのである。

「戦後七〇年」という言い方はどこか過渡期的なニュアンスを醸し出す。「アタフタした戦後という時代がまだ正常化されていない」と。例えば〝押し付けられた〟を根拠にする憲法改正論には、放置してある過渡期から本来の姿に戻すべきだという苛立ちが見られる。しかし近代日本の大半は「戦後七〇年」だという現実を見据えるべきである。単純に時間の長さで言えば、近代日本は「明治憲法下の過渡期」を経て「現行憲法の安定期」になった、という言い方になるのである。どこに過度期でない〝本来の姿〟があるとでもいうのだろう。

司馬遼太郎『昭和という国家』

「昭和元年から昭和二十年の敗戦までについて、私は魔法にかけられた時代だと繰り返し申し上げてきました。特に昭和十年から二十年までの十年は魔法の森のような時代だと考えていまして、この十年というものは、日本のいかなる時代にも似ていませんね。たとえばですね、江戸時代の井原西鶴とならお話ができそうですが、東条英機だったら話が通じるでしょうか。松尾芭蕉だったら話せるでしょう。あるいは紫式部や清少納言ともお話ができそうですが、昭和十年から二十年までに活躍した人たち、日本の運命を決めた偉い人たち、あるいは決めることに参加したり、熱狂した人たちとは話せるかどうか」。

これは司馬遼太郎（一九二三〜一九九六）の『昭和という国家』（NHKブックス）と題した本の一節である。一九八六年五月から翌年二月にかけてNHK教育テレビで一二回放映された司馬のロングランの「雑談」の記録である。生前、文字化されることをためらっていたようで、逝去後の一九九八年に出版された。

「魔法の森」時代の指導者のこき下ろし方が痛烈である。彼らは日本文化、古代天皇制から武家支配の時代を経るなかで育まれてきた日本文化、その視点からする日本人には属さないというのである。あの時期は日本人でない日本人に日本人が支配されていたというややこしい事態であったというのである。血統的に日本人でも、文化的に日本人でないと。

CIAなどの陰謀劇画風に言えば、こうである。一九三〇年頃、日本に奇怪なエイリアンの一団が隠密裏に飛来し、人民の精神状態を操縦し始めた。エイリアンの身体は日本人にそっくりで、日本語に似た言語も操るがどこか形式的で心に浸透しない言葉である。それでも日本社会の絆をうまく利用して、お上の命令に従順に従う人民に改造していった。身体も社会の特性もよく調べてきたようだが、彼らは西鶴や芭蕉や紫式部までは調査してこなかった。彼らの目的は日本人民を戦争に総動員して世界制覇を果たすことだった。

丸山眞男「超国家主義の論理と心理」

敗戦の翌年、丸山は昭和の戦争の異常さを論じた。彼には帝国主義戦争や植民地支配それ自体は当時の列強の国際政治の状況では「異常」というわけではない。「異常」なのは俄か作りの国体にひそむ国家原理の誤りである。

「ヨーロッパ近代国家はカール・シュミットがいうように、中性国家たることに一つの大きな特色がある。換言すれば、それは真理とか道徳とかの内容的価値に関して中立的立場をとり、そうした価値の選択と判断はもっぱら他の社会的集団（例えば教会）乃至は個人の良心に委ね、国家主権の基礎をば、かかる内容的価値から捨象された純粋に形式的な法機構の上に置いているのである」（『超国家主義の論理と心理　他八編』丸山眞男著、古矢旬編、岩波文庫）。

「ところが日本は明治以後の近代国家の形成過程に於いて嘗てこのような国家主権の技術的、中立的性格を表明しようとしなかった。その結果、日本の国家主権は内容的価値の実体たることにどこまでも自己の支配根拠を置こうとした」。「幕末に日本に来た外国人は殆ど一様に、この国が精神的君主たるミカドと政治的実権者たる大君との二重統治の下に立っていることを指摘しているが、維新以後の主権国家は、後者及びその他の封建的権力の多元的支配を前者に向かって一元化し集中化することに於いて成立した」。「そうして是に対して内面的世界の支配を主張する教会的勢力は存在しなかった」（丸山前掲書）。

明治憲法制定までの民権論争は専ら官民の外形的活動の線引きに終始した。欧州ではキリスト教の影響もあって主体的自由の確立が前提とされていた。だから日本で長年美風とされてきた「忠孝」観念こそが真っ先に転換される必要があったのに、民権論議もこれを温存した。そして第一回帝国議会直前に発布された教育勅語において、国家が倫理的実体として価値内容の独占的決定者たることを公然と宣言したのである。

統帥権のループホール

一見したところ明治憲法は「天皇機関説」的なのに、軍の跋扈を許したのは憲法制定前の特殊事情であった。憲法で国体に天皇を位置付けるはるか前に、革命派の内部分裂としての「西南戦争」が勃発し、内戦を戦う「政府軍」の兵隊に正当性を与える「戦陣訓」が泥縄的に発布され、これが超憲法の天皇直結の統帥権として温存されたのである。これで立憲主義は大きなループホールのあいた欠陥体制となった。その一方、国家の経済的苦境などで国民世論が揺らぐ際には立憲主義下での政治勢力として軍部が政治に介入した。国内政治の危機に排外主義を煽って外地で勝手に軍事行動し、暗殺や蜂起の恐怖政治で既成事実を重ね、人民の総力戦体制をつくった。国民政治の道具としての軍隊でなく、軍隊という政治勢力を常態化させたのである。

欧州近代の丸呑み

司馬は随所で日露戦争の日本人を賛美しており、昭和を「魔法の森」とこき下ろすのとは大違いである。日露戦争の指導者は江戸育ち欧州仕込みである。日本の陸軍は幕末からフランス式で始まったが、明治三年の普仏戦争でフランスが敗北した。その後は大ドイツに成長するプロイセンが日本のお手本になり、陸軍とくに参謀本部はドイツ式に変貌した。当時は英仏に一歩遅れて近代化したドイツであり、英仏と差別化する精神性が強調された。文明より文化、総合より専門、複合でなく純粋・純潔（したがって排除）……、などである。陸軍参謀はドイツから買い、医学部も文学部もドイツから買う、そして海軍はイギリスから買った。

「要するに、日本はヨーロッパの近代を買い続けてきて、江戸期の合理主義思想というものとは無縁に育ってきた。ともかく明治政府というものは江戸期を否定して、そして明治以後の知識人は、軍人も含めて、江戸的な合理主義を持たなかった。それはやはり、何か昭和の大陥没とつながるのではないでしょうか」。「われわれ技術好き、職人好きの民族は、昭和元年から二十年までの間、抑圧されていた。戦後にその留め金がとれ、江戸期に直結したのではないかと思うぐらいです」。「明治以降に技術をどんどん入れたではないか、そのために戦艦大和もできたではないかと言うのは間違っていますね。太平洋戦争中も、科学する心が大切だなどと言われましたが、要するに科学する心など全くなかった。スローガンとして言っていただけでした。戦後に、われわれはようやく本来の、技術の好きな民族に戻ったのだと思います」（司馬前掲書）。

「自然は第二の聖書」

ここで指摘されているのは少し一般化すると次のようなことである。自明のこととして瀰漫する時代の精神を身体化した人間が新理論をそれに重ねて新しい時代精神に変容させていく。変容はしていくが、過去の履歴を引きずって変容していくのが時代精神である。「新理論」もそれを受け取る旧時代の精神的培地とそこでの展開によって自ずから変容する。時代精神には時間的推移だけでなく、空間的な区分の変遷も含まれる。

ガリレオが宗教的世界観と闘ったように描かれることもあるが、彼にとっては聖書の世界観は自明のこととして身体化されているのであって、より正確に神につながる道として神の創造物である第二の聖書とも言える自然を望遠鏡のような新たな道具や数学の言葉で読み解こうとしたのである。しかし時代の推移で「第二の聖書」は前提から抜け落ちて、実証主義と合理主義にもとづく科学という営みがもたらされたのである。この強力な科学という営みが「聖書」から自立して世界を闊歩しだして、「聖書」とは異なる世界観の歴史を持つ異文化地域にまで居座るようになったのである。ヨーロッパ生まれの科学の異文化圏との接触はそれが育成されていく各々の培地が異なるのだから多様なものになる。それは接触時点での移入される科学自体の状況と接触して導入した側の培地の差によって支配されている。東アジアへの接触で見れば、日本の南蛮文化の時代は「聖書」伝道の道具として科学は持ち込まれ、明治期は富国強兵の道具として科学は導入された。

江戸文化のスキップ

司馬が言うには、明治では江戸の時代精神を空っぽにして欧州「新理論」をつぎ込んだというのである。培地に染み込ますのでなく丸のみである。だから「過去の履歴を引きずったものが変容していく時代精神」でない浮き草だった。酒樽、灘五郷、樽廻船、千石船、富士山、朱子学、海保青陵、山片蟠桃、富永仲基、三浦梅園、本居宣長、荻生徂徠、新井白石……などがスキップされた空っぽの日本で、実体のない古代天皇と西洋をカクテルした。それでも民権論議や大正デモクラシーでは江戸の元気な民衆パワーは芽を出し始めたが、排外主義を前面に出した勢力に綺麗に刈り取られた。

岩倉具視が死の直前である一八八三年に嵐山を訪れたとき、風光明媚で知られていたサクラ・カエデが見るかげもなく荒れはてているのを見て、旧幕府時代は幕府の奉行らが平安王朝の景勝地を保っていたことに触れたという。岩倉はまた東京遷都で一〇年あまり放置され荒廃した京都御所跡の整備にも心をくだいた。この時期、清水寺などの有名寺社は幕府によって認められていた経済基盤を失い困窮した。江戸幕府期の京都文化のなかで育った岩倉はさすが革命による日本文化破壊の修復を試みたが、逆に言うと革命政権にそこまで気が回る人物は他にいなかったということである。革命理念は一般庶民からは見えていなかった古文書の観念世界であり、「活きている日本文化」の廃棄であったのだ。明治維新を「王政復古」と呼ぶときがあるが、統治機構は「プロイセンから買い」のように移入であり決して当時の指導者の頭に「復古」はなかったのである。

日本文化の変造

維新後一〇年もすると、「復古」どころか「移入」に向けた新生天皇の権威装置構築のために様々な日本文化の「変造」が始まった。「江戸時代の「お伊勢さん」は信仰の対象であると同時に遊興の場でもあった。毎年お札を売りにくる御師の案内でお参りや芝居見物をして、宿舎に戻ればご馳走がだされた。出店や大道芸人も多く、外宮と内宮のあいだにある古市遊郭には一〇〇〇人を超える遊女がいた。しかし、周辺の民家や田畑が買収され遊女屋は取り払われ、広大な神域が造られた。庶民のお伊勢さんから皇祖天照大神を祀る聖域への大変身だった」(牧原憲夫『民権と憲法――シリーズ日本近代史2』岩波新書)。

「法隆寺四十八体仏等の献納につづき、東大寺正倉院が宮内庁の所管に移された。一〇〇〇年以上も東大寺が守ってきた収蔵品を「御物」としたことは、たんなる所管替えではすまなかった。中国や西洋から到来した財宝は〝東アジアにおける朝廷の地位や文化の高さ〟を示すとともに、皇室が日本文化を一貫して保護してきた〝証拠〟とされた」(牧原前掲書)。

一般的には文化の変容というのはそれ自体文化であるとも言えるからこれらの「変造」も目くじらを立てることもないと言えるが、これらの変容は偽りの「証拠」づくりという政治上の隠蔽「変造」である。またそれは過去の話ではなく、二〇一六年の「神の国サミット」のように誤った日本文化が世界的に拡がりつつあるのである。

「思想から離陸した科学」

司馬は「魔法の森」には〝ほんとうの〟科学がなかったと言っているが、ここでは「科学とは何か」という自明でない問題も絡んでくる。科学の勃興期に持っていた思想性は二〇世紀において「思想なしでやっていける科学」に変わったと科学史家の広重徹は言っている。昭和初期、日中戦争の拡大、二・二六事件、排外主義の高揚、国粋主義者の恐喝による美濃部教授、矢内原教授らの追放など、荒々しい「治安」政策での批判勢力の平定後、和辻哲郎らを動員した『国体の本義』の作成、文化勲章制定、紀元節などの日本文化を前面に出した積極的「思想」政策に文部省は乗り出した。科学についても同様であった。次のような数字がある。大学理学部相当の自然科学系高等教育機関卒業生数は一九二六年を一〇〇として一九四五年には四一九に増加し、一九三八年から敗戦までに設立された国の研究機関は五〇以上にのぼり、一九四〇年に創設された科学研究費は当初の三〇〇万円が一九四四年には一八七〇万円に急増した（広重徹『科学の社会史（上）戦争と科学』岩波現代文庫、および、『現代思想』二〇一五年八月号、水沢光）。

「国粋主義者たちの荒々しい反科学主義も、じつは科学振興への道ならしのブルドーザーのようなものにすぎなかった。非合理主義による暴力的な地ならしが進められて、国家統制に反対したり、国策に批判を加えたりする余地が一掃されたあとでは、非合理主義はしりぞけられて、戦争目的に向けての国家全般の合理的統制が全面的に追求されはじめる。科学振興はそのなかで一段と大きなウエイトを占めるようになる。そしてそのとき、科学精神はその公認のスローガンとして、ちまたにあふれることになるのである」（広重前掲書）。

このころ国粋主義者の排外主義はメートル法攻撃をしかけていた。こうした「国粋主義的な反知性主義、反科学主義が声高にとなえられたころ、軍部、政党、官僚らはそれを陰に陽にかばい、助けた。しかし、だからといって彼らがそれを本気で信じていたわけではない。実際に戦闘をおこない、物資を生産しなければならなかった彼らは、国粋主義者の観念論を都合のいいように利用しただけで、他方ではもっと冷静に総動員に向けての方策をねっていた。メートル法が結局は棄てられなかったのも、軍や鉄道省・商工省のテクノクラートがそれを必要としていたからであった」（広重前掲書）。

「自然という祭壇」

「魔法の森」ど真ん中と言える第二次近衛内閣から東条内閣に続く時期、文部大臣は珍しく橋田邦彦（一八八二～一九四五）というれっきとした科学者であった。現場の科学者を起用して科学の振興を図ろうとしたのである。橋田は一九二二年に東大医学部生理学の教授、文部省視学委員、第一高等学校校長兼任などを歴任、四〇年に文部大臣に就任、敗戦後はA級戦犯の召喚を受け、一九四五年九月一四日自宅で服毒自決した。これほど劇的な人生なのに戦後ほとんど語られない人物である。

当時、『行としての科学』という彼の講演を文章化したパンフレットが文部省教学局発行で広く配布され、後に岩波書店からも発売された。

「自然科学者乃至科学者が働いているとき、何が動きとしてそこにあるかと云いますと、観察という働きだけであります。人というものを通じて現れる自然の働きとしての観察だけが、そこに行われているのであります。それが私の云う自然科学者乃至科学者の行(ぎょう)であります。即ち自然と一如となった人が観察して居るときには、自分が観察しているという気持ちすらないのでありまして、唯々観察ということだけが行われて、世界が自ら展開するのであります。当に無心の展開であります。その無心の展開、無我の展開の現ずることが、学問として最も必要なことなのであります。このとき「私」を離れて「公」の立場が生まれ、そこに真の実証が行われるのであります。

昔から天命とか天理とか云って、自然に準拠して人生の則を求めんとして、自然に憧れ、大自然と云い表して自然を尊んだことは、自然の働きが無心であり、無我であるということが根源にあるのであります。即ち人生は無我でなければならない。無我の行でなければならないという、その無我無心を尊ぶが故に、自然に対する憧憬と尊敬を吾々が持っていると考えられるのであります。この私の無に所謂無である心、あるがままなる心、あるがままにあるものを掴む心、それが実証の働きであります。このような学者の境地は本人が自覚すると否とに拘わらず、真剣に科学する人はそのような境地にあるのだということです。その意味で真剣に科学することはそれ自体、行であるというわけです。また「身心一如」或は「物心一如」という無我の「行」として、科学を行ずる立場まで是非来なければならないと考えるのであります。

そこに於いて科学というものが始めて我が国の科学として真の意義を発揮するのであります。西洋から入ってきた科学でありますけれども、それを吾々日本人のものとしてその働きを現さなければならないと思います」。

戦争への科学動員を声だかに叫ぶのとは対極の、自分を無にする精神主義が説かれている。題名から推察されるようにこれが全体の論旨である。独立して思考する主体を自然のなかに融解させる試みである。橋田自身仏教に帰依していたというが、これを文部省の肝いりで学生達に広めようとした政治的意図は何なのか。私見では科学的探求が持つ普遍性、天皇制をも相対化する俯瞰的視点、そういった科学を志すものの自由な主体の芽生えを恐れたのだと思う。「自然という祭壇」も政治手段になるのである。

「技術」唱歌

司馬が言う日本人の技術好きが戦前の童謡や唱歌に見られるかと考えて〝汽車　汽車　ポッポ　ポッポ　……〟という「汽車ポッポ」（作詞：富原薫、作曲：草川信）を思いついた。ところがこれは「兵隊さんの汽車」という唄の改作であることを知った（読売新聞文化部『唱歌・童謡ものがたり』岩波現代文庫）。「僕らも手に手に　日の丸の／旗をふりふり　送りましょう／万歳　万歳　万歳／兵隊さん　兵隊さん　万々歳」といったものだ。御殿場の小学校教師だった富原が富士裾野に演習でやってくる兵士達の汽車による輸送を描いたのだ。終戦の年、NHKは大晦日の紅白音楽試合で川田正子にこのデビュー曲を歌わせようとしたらGHQから歌詞にクレームがつき、急遽、作詞家に一晩で書き換えてもらったのが「汽車ポッポ」の歌詞なのだという。

この改作詞と同様の汽車の躍動感をうたったもっと古い唱歌があった。

「汽車」

今は山中　今は浜
今は鉄橋渡るぞと

思う間もなくトンネルの
闇を通って広野原

（作詞：不詳）

ここには、自然物でない、技術の人工物にこころを轟かす躍動感が溢れており、「技術」唱歌の名作といえる。教科書上は作詞「不詳」だが、文部省小学唱歌教科書編纂委員の乙骨三郎の作詞だという。「鳩」、「浦島太郎」をふくむ八曲の小学唱歌をのこしている。戦前の唱歌や童謡には気持ちが自然に向かう感傷をよんだものは多いが、人工物を扱ったものは意外にすくない。陸軍や医学を海外から丸のみで買ったように、文部省唱歌もハンガリー・オーストリー帝国からでも買ったのであろうか。

第11章　オッペンハイマーという選択　「娘さんよく聞けよ」

文系縮小

安保法制論議に気をとられている間に、国立大学の文系学部縮小などという、教育と学問の世界を直接揺るがす大問題も発生している。不意に打ち込まれたゲリラの爆弾のようなものだ。人口構成などの日本社会の急激な変貌やグローバル化の奔流を脇目に、成長期の惰性を小手先でやり過ごす安易な策への警告とも言える。この問題は学校教育としての大学制度と合理的思考を普及しようとする精神運動としての学問の二つをきちんと分け、その上で関連して考えていくべきだと思う。

私は理論物理学の出自ではあるが、本書では物理学や科学を様々な時代的、社会的文脈で描き出そうと意図してきた。時代によって一足す一が三になるということではないが、社会が何に注目するかによって学問の姿は変遷するというのが私の見方である。学問自体に他の社会事象と独立した固有な目的や価値があるから社会の荒波から守るという発想ではなく、社会が学問の適切な進展を必要としているのだと考える。また宗教や芸能やスポーツをふくむ人間の文化には「煽りの文化」と「鎮めの文化」が折り重なって棲息し、情報化した大衆社会では制御不能な不安定さを時々露呈する。科学という営みにも煽りと鎮めの両方をふくむ。科学技術としての産業・農業・医療の拡大と民主主義の拡大が並走した時代の学校教育のあり方もモノづくりや経理・事務の無人化が進む中で教科の転換期を迎えている。またグローバル化の中でのアイデンティティの視点が重要になっている。文系理系という区分は使いたくないが、文系的な学問も大学教育も〝お国の為に〟大事な局面にあるのである。〝お国〟から逃げてはならない。

「天眼」オッペンハイマーという選択

文系的な「理論」論議はあまり得意でもなくまたあまり実りあるとは思っていない。概念と実態の関係は危ういものであり、それを連ねた論理をいかに精緻にしても限界がある。そこで他章でも行っているように歴史事例の記述に切り替える。歴史事例としては劇画的にクッキリしているアメリカに求めるのがよい。交代で寄稿している京都新聞日曜随筆欄「天眼」(二〇一五年八月三〇日付)の文章を再掲する。

「1999年3月、アメリカ物理学会創立100周年の行事がアトランタであった。一万人以上参加の大イベントだ。ある晩、郊外の自然史博物館の建物を借りきってパーティーがあった。男はタキシード、女性はカクテルドレスの正装が多く、生演奏や手品やらのアトラクション、同窓会用の部屋も用意する周到さである。最近の学会のラフな雰囲気と違って、往年のアメリカ物理黄金時代を築いた世代の大集合といった感じであった。

アトラクションの一つに、デズニーランドでのミッキーマウスのぬいぐるみのように、大物理学者に扮装した人物が歩き回って、それらと一緒に記念写真を撮る趣向があった。過去100年の「大物理学者」にはアインシュタイン、キュリー夫人、オッペンハイマーが選択されていた。20世紀物理学のアイコンであるアインシュタインは定位置だろうし、女性進出に気を使うアメリカだからキュリー夫人もうなずける。しかしこれだけでは肝心のアメリカが抜けている。

企画者も悩んだことだろう。米国では物理学のノーベル賞だけで当時すでに60名を超えているが、この選択の結果は何故かノーベル賞を受賞もしていないあの「原爆の父」のオッペンハイマーなのである。物理学者としてアインシュタインやキュリー夫人と並んで写真に収まるのがワクワクするように、オッペンハイマーと並ぶのが多くの参加者にはワクワクすることなのである。そういう意味での「選択」なのである。

お遊び用の「選択」だから目くじらを立てることもなかろうとも言えるが、日本での感覚からすれば「何もよりよって〝原爆の父〟を選ばなくてもいいだろう」と違和感を感じる人は多いだろう。「不謹慎だ！」という声さえ出そうだが、ところ変わればこれだけ感覚が違うのだという認識は大事である。

原爆とレーダーといった戦時研究での国家への多大な貢献で物理学の規模が戦後5、6倍にも拡大する躍動的時代の記憶を参加者の多くが共有しているのである。その象徴としてのオッペンハイマーなのである。

しかもこの拡大は日本の産業政策としての研究投資とは違ったものだった。アメリカでは、大戦の戦時研究での多大な貢献は「自由な基礎研究」の重要性を認識するかたちで総括され、新たな研究政策が戦後発足したのである。

ただ先に触れた「違和感」を単純にアメリカと日本の差と見るのは誤りであり、世代の軸を入れて正確に捉える必要がある。ベトナム戦争悪化の1960年代後半以降に学生時代をおくった世代の物理学者の感覚は日本人のそれと大きな差はない。

「60年安保」直後の9月にオッペンハイマーは日米協会の招待で訪日し、京大基礎物理学研究所でも講演しているが、被爆地には行かなかった。すでに放射線障害が重篤化した風貌で、7年後、62才で亡くなった」。京都では「俵屋」に八日間滞在予定であったが何故か三日で切り上げ、帰米した。

The Physicists

第二次大戦から冷戦終結の二〇世紀後半までの時代、世界の先頭を切って進撃する科学の力強さを体現していたのが物理学だった。The Physicists（Daniel J. Kevles, Harvard Univ. Press, 1995）という本がある。この本は一九六〇年代に急成長したアメリカ物理学の発祥をたどる物語だが、一九七一年の初版から何回も改訂され最後の一九九五年版ではSSC建設中止を三五ページもの追加を行って、〝The Physicists の時代〟の終焉だと告げている。ここでThe Physicists とは科学の諸々の分野の一つである物理学の専門家という意味ではなく、国家から基礎研究の研究資金を絶えず増加させていく「力強い」軍団のことなのである。だから単に「物理学者」と訳したのでは意味が伝わらないのである。

左の図は米国大学での物理学のPhD（博士号）取得者数の推移である。縦軸は各年度（横軸）の年間のPhD取得者数である。日本と同様にPhDは順調にいって学部卒後五年で取得するものだから、PhD物理学者という人生選択はこの年度の五年ほど前になされたという時間差を置いてみる必要がある。その上で図をみると、大戦前最大の二〇〇ぐらいから一九七〇年頃の鋭いピークは一六〇〇であり、約八倍の増加である。もっとも、戦後のどの分野でも一般的な高学歴化の拡大があるので、その補正をして先の文章中では「5、6倍にも拡大する躍

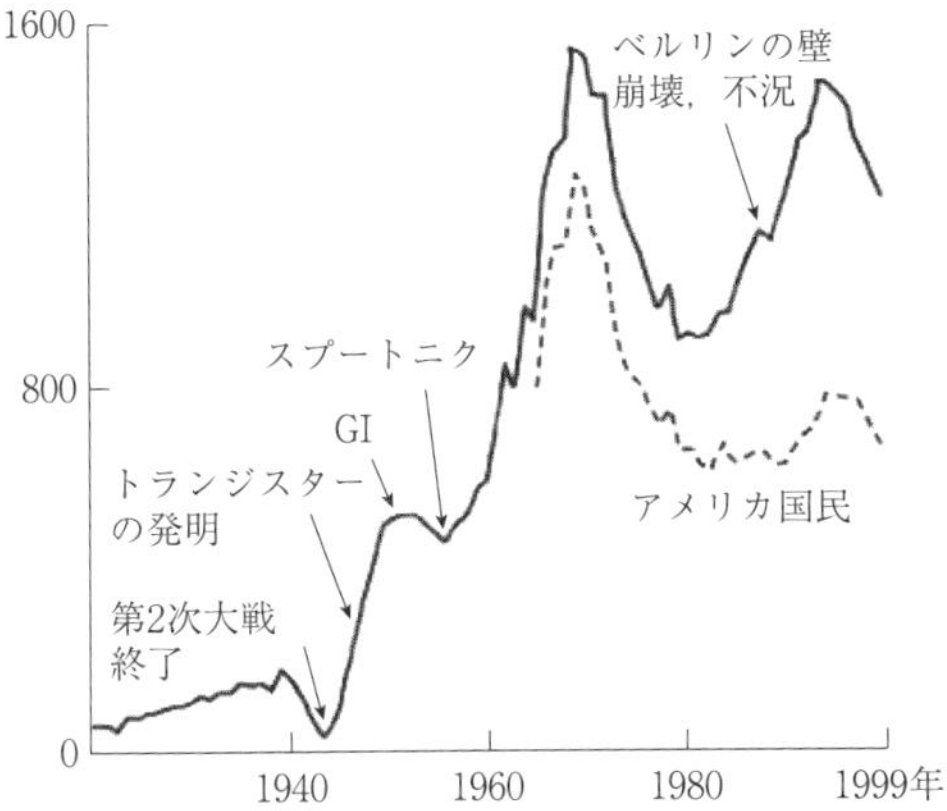

図

動的時代」と表現した。この図中の「GＩ」とは大戦中の兵士（GＩ）に与えられた奨学制度によるPhD学位取得者を指している。その後ベトナム戦争やアフガン・イラク戦争でも、PhDほど高学歴でない学部や修士の奨学金制度が経済的貧困層からの兵士の勧誘に使われている。これに比して第二次大戦は米国でも総力戦であったから、大学卒で兵役に就いた若人たちの再出発にPhD五年コースのGＩクーポンは貴重なものだったろう。それにしてもスプートニク・ショック（一九五七年）以後の激増は目を見張るものがある。一九七〇年頃のピークアウトは言わずと知れたベトナム・ショックである。アメリカ物理の特異性はこの辺りにある。

産業か基礎科学か？

日本を含む先進国ではどこでも、トランジスターやレーザーなどの所謂ハイテクによる産業構造の大転換の前触れとして、六〇年代は物理や化学の理工系の学科が拡張しかつ大学院制度の整備もあったが、規模拡大は約二倍増にとどまっている。さらに最大の違いは一九六〇年から四〇年ほど漸増し続けたことがある（そのことが新たなミスマッチを引き起こしている問題は拙著『職業としての科学』（岩波新書、二〇一一年）で指摘した）。

日本の場合の理工系倍増計画は産業政策であった。トランジスター、レーザー、半導体工学といった技術革新が長期的に産業構造を塗り替えていく専門人材の育成というシナリオでみると、一九七〇年にピークアウトするこの PhD 取得者数の推移は全く理解できない。ましてこの原因がベトナム・ショックだと言われても「適齢者の大半がベトナム戦争に駆り出された」わけではないから全く理解できない。我々日本人は「役立つ科学＝産業応用」という公式に囚われているからこのピークアウトが解せないのである。

第二次大戦が米国連邦政府の科学政策に持ち込んだ教訓は「目的を自由にした基礎研究が重要である」というものである。軍事や産業と無関係に科学者の興味の赴くままに探求されていた研究の流れが原子爆弾やレーダーといった軍事技術をもたらしたという認識である。大戦時、科学政策の大統領補佐官だったヴァナーバー・ブッシュが中心となってこの認識を「Endless Frontier」に立ち向かう基礎科学に国家の安全と繁栄を託すべきであると定式化してＮＳＦ創設などの curiosity-oriented 研究援助の制度的手当までいったのである。これは基礎や純粋な研究志向の研究者には楽園であり、実際そのように進行した。

ピークアウトと国家への誇り

それで万々歳かというとそう単純ではない。大事なことは純粋な基礎研究でも国家に奉仕する仕組みに絡め取られてしまうことである。どんな基礎研究に没頭していても、国家の枠組みからのドロップアウトではなく、国家機構に組み込まれた営みなのである。逆説的だが、どんな役立たずのことをやっても「お国の為」という網から逃れられないのである。だから、この絡め取る国家を誇りに思われなくなったとき、この研究者厚遇策は拘束の意味を持ってくるのである。

一九六〇年代末、ベトナム戦争は泥沼化して国家の道徳性は失墜し、また兵役適齢の若者には誇れる国家の喪失でもありより深刻であった。こういう若者たちの心模様の転移がこのピークアウトなのである。もちろん、六〇年代の理工系ブームや高学歴化は先進国共通の傾向でもあり、またこんなことを深刻に悩んで人生の進路を決める人間の割合も限られているから、ストンとゼロまで落ちるわけではない。

誇れる国家

第二次大戦前、ドイツは物理学のメッカであったが、そのドイツがナチス政権になったのである。連鎖反応をする核分裂の発見もナチスのもとでであった。米英連合国側はナチスドイツが原爆を先に開発する恐怖に駆られた。亡命したユダヤ系物理学者も含めて、原爆開発に慌ただしく踏み出し、この指導者に抜擢されたのが理論物理学者オッペンハイマーであった。ニューメキシコの砂漠での第一号の爆発はヒロシマ直前の七月一六日、正味二年余りの大車輪の開発劇だった。使命感の緊張と成功の高揚により、これに参加した多くの科学者はこの期間を人生の麗しい時期として振り返っている。

この原爆プロジェクトの核物理実験部門の責任者であったロバート・ウィルソンが一九七八年に来日した時に京大物理の同僚と西陣の料亭「万重」で会食したことがある。ウィルソンは戦後すぐに素粒子物理の実験研究に邁進し、米国でのこの分野のリーダーとなった。六〇年代中ごろ、彼は素粒子実験の大型加速器建設の予算審議のための議会公聴会で喚問されていた。ある議員が「国防に役立つか?」と問うたが、ウィルソンは「全く役立たない」と答えた。この議員はこの計画に好意的だが「何の役に立つのだ?」と懐疑的な同僚議員を説得するための誘導尋問のつもりでウィルソンにこう質問したのだ。しかし誘導尋問に彼が乗ってこないので次に「ロシアとの核開発競争において、これが我々に関わることがあるのか?」と質問の角度を変えた。するとウィルソンは次のように答えた。「長い期間では技術面で寄与はあるかも知れない。それより関係するのは、我々はよい画家、よい彫刻家、偉大な詩人と共に居れるかどうかです。我々の国ではこれらのことが尊重され尊敬され、それに愛国心を持っています。その意味でこれは、国を直接守ることには関わらないが、守るに値する国にするのに役立ちます」と。満場拍手で、この建設計画は遅滞なく実行された。この挿話は冷戦時代の米国の基礎科学の雰囲気を伝えるものとして、ひろく語られている。これで一九六七年に完成したのがシカゴのＦＮＡＬ（フェルミ国立加速器研究所）である。実際彼は研究所の構造物に芸術性を持たせることに配慮した。この時代、ウィルソンはあの原爆英雄の一人であり、そういうオーラが議員や国民に伝わるものがあった。しかし「誇るに足る国家」に思えなくなった若者は遠のくことになるのである。

第二のピークアウト

先の図をもう一度見みると一九九五、六年に第二のピークアウトがある。また一九七〇年頃から落ち込んでいた傾向が一九八〇年頃から増加に向かうが、これは「アメリカ国民」によるのではないことも分かる。すなわち中国などからのPhDを目指す留学生の急激な増加が下落傾向を反転させたのである。その上でこの第二のピークアウトの解釈だが、これは天安門事件、ベルリンの壁崩壊などの冷戦崩壊に向かう世界激動の影響と考えられる。この統計データはこの先の二〇一二年まで発表されており、それによると二〇〇五年頃に再び反転して二〇一二年には一八〇〇〇に迫るまで増加している。国内と国外はほぼ半々で共に増加している。

一九九〇年代、PhDを出すアメリカのメジャーな大学にいくと大学院生の大半がアジア系であったりする光景をよく見た。国内の全般的な理系離れがあっても、これらの大学は世界中のアンビシャスな若者を惹きつけて成長できたのである。逆に言うと、ノーベル賞を毎年のように出すアメリカの研究界にもかかわらず、国内の学校教育現場では完全な「理科離れ」だったのである。ＯＥＣＤなどの国際比較テストでも常に下位の成績であった。これを教育界、科学技術界全体が真剣にうけとめ、その改革が一九九〇年代後半から取り組まれてきた。学校教育界や専門学会だけでなく企業も参加して現在も進展中である。拙著『科学と人間』（青土社、二〇一三年）には「アメリカのＳＴＥＭ教育改革」として取り上げている。これまで手薄だった、女性とマイノリティーで理系を増やす独自の努力で増加傾向が出てきたと言える。またこうした最近の傾向は「The Physicists の時代」の物理学ではなく理系の数多くある分野のひとつとしての物理学である。

The Physicists の時代

第二次大戦の功績でユーフォリア状態にあった The Physicists への若者の大量流入が通常の物理学への流入に戻したのが一九七〇年のピークアウトであったと言える。ただ戦後に多大な研究費のもとで米国が牽引して急進展した素粒子物理学、スプートニク・ショックや冷戦下のミサイル防衛などに並走して拡大した宇宙科学では、こうした巨額研究費投資の成果が時間差を経てこののち続々ともたらされ、研究界は大いに湧いた。ビッグバン、ブラックホール、クォーク、標準理論、統一理論、ニュートリノ、ＣＭＢ……、金をかければかけただけのことはあるもので、超ミクロと超マクロの世界の解明が飛躍的に拡大した。

この赫赫たる成果を貢物に素粒子物理のThe PhysicistsたちはウィルソンのFNALの次の加速器SSCの要求を米政府に行った。国家の誇りが大好きなレーガン大統領がゴーサインを出し、敷地は次期大統領ブッシュ（父）のテキサスに決まって建設が始まった。ところが、建設費が、最近の新国立競技場建て替えのように、次々と増額になり何回も議会にかかった。また冷戦終結、大統領が共和党から民主党クリントンに変わったことなども重なって、一九九三年に議会は途上にあった建設を中止する議決を下し、トンネルを埋め戻し、一〇〇〇人も解雇して研究所を解体した。実に劇画的な措置であった。この大事件をテーマにしたのが拙著『科学と幸福』（岩波現代文庫、一九九五年）である。米国がドロップアウトした実験は同時期に始まったEUのCERNにおいて継続実行され、二〇一二年の「ヒッグス粒子発見」をもって終了した。

米国物理学界の世代論

「天眼」に書いた文章の「オッペンハイマーという選択」への違和感は「アメリカと日本の差」というよりは米国での〝The Physicistsの時代〟の勃興と終焉の時間軸をいれて捉える必要がある。

一九九九年の米物理学会一〇〇年祭はちょうど日本のスーパーカミオカンデによるニュートリノ

質量差の測定が大きな話題をさらうなど米国の独壇場ではなくなっていた。そう安くはない会費を払って出てみた夜のパーティーの参加者の平均年齢は、世界中から最新研究に群がってきた熱気の昼間の参加者の平均年齢よりは随分高かったと思う。大半はあの第一のピークアウト前にPhDを得て研究者にスタートした人たちである。日本で言う団塊世代の前の世代である。

学問と社会のつなぎ方

近年の日本では学問と社会の関連というと直ぐに産業・農業・医療などへの応用を連想する。〝The Physicists の時代〟の事例はこの応用チャネルでは捉えられない。一九七〇から八〇年代、半導体産業などの日本の通産省主導の科学技術政策と〝The Physicists の時代〟の米政策の差が顕在化した。ハイテク貿易摩擦で虚を衝かれた米政府が慌てて「基礎科学のタダ乗りだ」と日本の政策を批判したのを思い起こせばよい。

今回の文系縮小もこの「応用チャネル」の流れでの提言であり、抵抗もその局面に限定されがちである。学問の社会的関係をこの応用に局限するのは想像力の貧困である。過去の「神国日本」の創造に果たした文系的学問や文化のもった応用力には空恐ろしいものがあった。例えば、早川タダノリ『神国日本のトンデモ決戦生活』(ちくま文庫)などを見れば、現在の北朝鮮の将軍様国家が顔負けな程の奔放さであったのだ。

産業・農業・医療などを担う民営企業に馴染まない社会を支えるものといえば、司法、治安、外交、安全保障、福祉、衛生環境、自然環境、生態環境などなど膨大な領域がある。なかでも日本の学問は最も身近で規模も大きな初等中等教育の課題を大学人や研究者は我がこととして考えるべきであると思う。人間を考える哲学は教育につながるべきである。

冷戦崩壊前までは、日本国家が自律的に判断しない、あるいは判断できない、社会の領域が幾つもあった。これが日本の文系学問のひ弱さを温存してきたのではないかと私は想像する。拙著『科学と幸福』では「冷戦崩壊で学術界が変わる」と喚いたのだが直後の日本での反響は皆無だった。人口構成の変動にもせかされて、二〇年経てそれはやっぱり顕在化してきた気がする。

素粒子と健康保険

「山の友よ」
娘さんよく聞けよ　山男にゃほれるなよ
山で吹かれりゃよ　若後家さんだよ
（作詞　戸田豊鉄）

大学紛争当時にも「止めてくれるなおっかさん……」という感傷にしびれたがる若人が多かった。男はすぐにしがらみの俗世間からロマンでの脱出を語りたがる。日々の暮らしなんて何するものぞ！　と。ＳＳＣの議会公聴会でレーダーマンは『神がつくった究極の素粒子』（高橋健治訳、草思社）だと言い、ワインバーグは『究極理論への夢』（小尾・加藤訳、ダイヤモンド社）だと宣った。二人とも申し分ない大物 The Physicists だが、戦後世代の彼らにはウィルソンのような原爆のオーラはなかった。冷戦崩壊で文化戦争の相手もなくなった中、議員たちは素粒子のＳＳＣを健康保険制度と天秤にかけた。男気にのぼせるよりは若後家が受け取る保険金や年金に関心を寄せるアメリカの変質を議員達は察していたのである。

第12章　「民主主義」、そして四つの科学　「君の行く道は」

民主主義というコトバ

安保法制国会、久しぶりの強行採決には既視感を覚えたが、同じく久しぶりに街頭に現れたデモの風情は確かに半世紀前とは大分違っていた。そうした中で、突如としてマスコミに溢れ出たコトバが民主主義であった。筆者はこのコトバが消えて寂しく思っていた時だったので、このコトバのこういうかたちでの氾濫にはいささか時代が引き戻される浮遊感にとらわれた。

拙著『科学と人間』（青土社、二〇一三年）所載の一文「科学と民主主義10話」の書き出しは次のようである。「最近、民主主義という言葉をあまり聞かなくなった。社会の見えない隅々で力の弱い立場の人々が叫んでいるのかもしれないが、日本のマスコミやネットワークなどではめっきり目にしなくなった。アメリカ政府が独裁国を批判するのに突きつけるぐらいである。民主主義とは枠組みのことだとすれば、選挙の様な意見表明の機会や異議申し立てのチャネルが制度として出来てしまったことが、大きな場面からこの言葉が消えて行った理由かも知れない。大局的には、これを使いこなす時期に入ったのだといえる。現実にある制度を表面的だ！　形式的だ！

跛行的だ！　という批判はいくらでも出来るが、そう思う人々が制度に魂を入れなければそこから先は進化しないのである。民主主義制度の形骸化をいう前に、世の中一歩進んだのだという認識も大事だと考える」。

このコトバの現在

民主主義というコトバの影が薄くなっていた前述のような事情にも一理あると思うと同時に、近年、このコトバは一党独裁や専制独裁の国家を批判する言葉として、あるいは安倍首相もお気に入りの「民主主義という価値観を共有する国家」とか「価値観外交」といった国際政治の言語として多く耳にするようになっている。こういう積極的民主主義とでもいうべき国際政治の手法は、民主主義国家からの外部介入を期待した蜂起をして内戦、ＩＳ跋扈、大量難民といった混迷を引き起こしているチュニジアやシリアやリビアの事態を思い起こさせる。民主主義というコトバは積極的攻撃の旗印でもあり強面の側面も持つのである。

戦後民主主義の申し子といえる筆者らにとってこのコトバがこうした国際政治上での強面のものに変質していくことに一抹の寂しさを感じていた。そこで「政治的制度世界は一歩進んだとしても、教育、医療、雇用……などの分野ではどうなのか？」、こういう各論的な問題の立て方が必要と感じた。筆者の経験した世界に引き寄せて「科学の制度世界の民主主義はどうか？」を考えることでこのコトバの再興を図りたいと思った。これが「科学と民主主義10話」といった最近の筆者の一連の論考の背後にある心境である。

そんな心境にあった者にとっては安保法制の強行採決でわき起こってきたこのコトバの氾濫にはいささか当惑した、というわけである。いったい、「戦後七〇年」、「経済成長五〇年」というような、この国が国際的に懸命に生きてきた歴史はどこに吹っ飛んでいったのかという思いが込み上げた。「強行採決」、「安保法制」、これは選挙に勝てばいいのだし、与党は選挙で有権者の二割も得票してないというなら二割でひっくり返せるのである。ある意味、選挙は最高に大事だが、それは構成員の自己解放によるものである。そしてこれは、政治の場面だけでなく、一人一人が一歩一歩、成長して民主化のプロセスを高めていくことなのである。政治の場から出た、あるいは政治の場を決める下地の生活の場での民主主義の深化こそが問われている段階なのだと思う。

民主主義とは啓蒙主義的な人間観を掲げる理想主義的精神運動であるが、マルクス主義などと違って最終ユートピアを具体的に掲げないし、またこの方向が真理だという証明も提示しているわけではない。「多数による多数のため」と、ここで「多数」という数を持ち出すが、数は独立性（自由）と等質性（平等）を前提としなければ意味がない。社会はだいたい富める「少数」と貧しい「多数」で構成されているが、「多数」とはこの分断された一部分の「多数」ではなく、等質性の「多数」である。しかし等質で「平等だ」というのは証明できることではなく、みんな努力して「平等になろう」という理想主義なのである。理想主義をあざ笑う数多の現実主義の攻撃にもかかわらず、ここ二〇〇年ほどの間、これがジグザグしながら全世界を巻き込んで拡大しているのは事実である。人類という種族の形成プロセスなのである。

民主主義の歴史素描

前掲拙著にも書いたが民主主義というコトバの来歴を俯瞰しておく。政治の形態を博物館的に展示してみる。autocracy（独裁政治）、bureaucracy（官僚政治）、meritocracy（能力主義）、mediocracy（凡人政治）、aristocracy（貴族政治）、plutocracy（富裕階級）、theocracy（神権政治）、kleptocracy（収奪政治）、ochlocracy（衆愚政治）、technocracy（技術家支配）、などなど。現代の我々にはこうした奇抜な諸制度とdemocracyは同列には思われない。ところが長い西洋文明の大半でdemocracyは軽蔑語・批判語であった。特にプラトンなどに発する教養世界ではdemocracyは「ソクラテスを自死に追いやった」恥ずべき統治制度であったという（『コンサイス20世紀思想事典　第2版』（三省堂）の「民主主義」の項）。

一八世紀サロンの世俗主義・啓蒙主義とフランス革命での下層人民の政治への登場を経て一九世紀中後期、民主主義はまず社会主義の党派に結びつき、その後に国民国家の政治制度として定着し、第一次大戦時のウィルソン米大統領がそれを普遍的理念として提唱した。ここで暴動や抵抗運動の様式から普遍的理念に化け、第二次大戦の連合国側の旗印がまさにこの民主主義であり、敗戦日本に降ってきたものでもある。それは参加型、ボトムアップ型、連合国理念型の混在だった。その後、東西冷戦でこの普遍理念のイメージは分裂し、一党独裁体制を批判する攻撃理念に転化した。一九九〇年頃の冷戦崩壊後、正義の理念としての民主主義は伝統社会も含む旧秩序体制の変容を迫り、混乱を伴いつつも、国際社会の政治的均一化の方向を押し進めているようにみえる。ここで指摘したいのは民主主義は正義、自然法、自由、理性などといった理念に比べれば歴史がまだ浅く、これらと並ぶ理念なのかも自明でないということである。歴史的にはここ一世紀半の間の国民国家の興隆と軌を一にして現れたコトバである。現在は経済のグローバル化が進行し、民主主義をめぐる統治と経済の関係は複雑化している。

政治的にも文化的にも、現実に進行していることは世の中の凸凹や閉じられた回路を取り払ってフラットに整地していくことである。この整地作業にブルトーザーの威力を提供しているのが教育と科学技術である。衣食住、衛生医療、過酷労働の減少、こうした民主主義の基盤を構成する要素の実現と科学技術の発展が並走してきた。整地は時として精神的には殺風景な風景を作り出す。凸凹は障害であると同時に破局が拡大する防壁でもあった。フラット化する以前に共存していた言語、文芸、表現、信仰、食文化、などの多様性を受け継ぐ展開が不可欠になっている。

福田歓一の民主主義論

「終戦直後の一九五〇年代に物心のついた筆者にとって科学、文化、民主といった輝くシンボルは、細かい違いなど識別できないほどに、一体のものに見えていた。こういう雰囲気では「真の科学者は民主的であるはずだ」とか、「民主的でないあの俳優は真の文化人ではない」とかいう言辞が流布した。そしてこれら輝くシンボルは統一された一つの善の様々な場面（研究、芸術、政治など）での現れ方の差に過ぎず、肝心なのは統一的善であるという形而上学が語られた」（佐藤、前掲書）。

まさに第二次大戦後、民主主義は最高の輝きにあったのである。「民主主義というコトバは現代の政治の世界に君臨している。このコトバの権威は、かつていろいろな時代にヨーロッパ社会に君臨したコトバ――正義、自然法、自由、理性などに、今ではほとんど匹敵し、しかもその流通範囲は文字通り世界的、全人類的な普遍性をもっている」（福田歓一『デモクラシーと国民国家』加藤節編、岩波現代文庫、二〇〇九年）。

この福田歓一の文章自体は一九六四年のもので、冷戦下での民主主義の分裂を憂いているものである。しかしバブル的に膨らんでいた民主主義というコトバの正体を抉り出して、その生成的性格を次のように説いている。「民主主義はいわば歴史の中の民衆が政治の魔性に挑戦する試みであって、したがって大きな危機を伴ってきたし、また伴いつづけるであろう。それは、さしあたって、統治の能率をも、経済の繁栄をも、絢爛たる文化をも、まして人間の幸福をも、何ら先験的に保障しているわけではなく、しかも疑いもなく人間にとってもっともわずらわしい政治様式である。ただそれは確かに人間の自由と尊厳とにふさわしい政治様式であるというにすぎない。したがって、この危険な政治様式を生かす者はそのシンボルに仕える者ではなくて、これを方法化し得る者をおいてはないであろう。いかなる拘束からの解放も、自己解放なくしては本来あり得ないからである」(福田、前掲書)。すなわち、政治だけでなく、一人一人が一歩一歩、成長して民主化のプロセスを高めていかねばならないのだと説いているのである。

湯川秀樹と福田

理論物理学者である筆者だが、実は福田とは彼の晩年に幾度かお会いする機会があった。一九八九年から翌年にかけて岩波書店が『湯川秀樹著作集　全10巻、別巻1』の配本を始めた。当時、全集ものには折り込みで月報というのが添えられていたが、筆者が編者であったこの著作集の第二回配本『第1巻　学問について』に折り込まれた「月報2」に福田が「広島の一夜と梅園旧居の猫」という文章を寄せている。

「広島の」とは、湯川と一緒になった一九七三年秋の岩波文化講演会のおりのことで、その夕のふぐ料理を食べながらの対話に触れたものである。湯川の強い知的好奇心で「この日のわたしの講演がきっかけとなって、次々に先生の質問を呼び起こすことになったのである。簡単に言えば、焦点は民主主義と立憲主義との関連である」。そこで本稿他所で引用したような福田の民主主義論を湯川に話した。すると「こういうわたしの論旨は、先生にとっては、意外を超えて、ほとんど衝撃的でさえあったらしく、先生は立ち入って、むしろしつようと言ってもよいほどの強い関心をもって、わたしがそう考える所以を問い質された。そして最後に、ほとんどうめくように、『僕がこんなことも知らんのは、福田さんが教科書を書かんのが悪いんや』と嘆声をもらされた」。またタイトル後半の「梅園旧居の」は湯川が三浦梅園へ傾倒していて一九七〇年暮れに旧居を訪問したことをその時に知り、一九八一年秋、大分を訪れた機会に福田もそこを訪れた際の想い出を記したものである。

こういう湯川と福田の邂逅があったので、後年、岩波書店の席などでお会いした時にも湯川の関係者ということで声をかけて頂いた。福田の最晩年に近かったと思うが、『公共哲学　全十巻』(東京大出版会)の刊行が終わったころ、福田、溝口雄三、宇井純の三氏と一緒に、この刊行の下地となった連続討論会のスポンサーだった矢崎勝彦が設けた嵐山での一席に招かれたこともあった。

「シンボルに仕える者ではなくて、これを方法化し得る者」

民主主義というコトバを絶対的な善のように広く受け取られていた第二次大戦後の世界では、この福田の民主主義論は湯川ならずとも衝撃的なものであったと思う。特に「それは、さしあたって、統治の能率をも、経済の繁栄をも、絢爛たる文化をも、まして人間の幸福をも、何ら先験的に保障しているわけではなく、しかも疑いもなく人間にとってもっともわずらわしい政治様式である」などという一節に耳を傾ける人は少なかったであろう。

ただ福田の民主主義論はこの否定的な規定で終わるのではなく、民主主義を進めるのは「シンボルに仕える者ではなくて、これを方法化し得る者をおいてはないであろう」と実践論を提示しているのである。「いかなる拘束からの解放も、自己解放なくしては本来あり得ないからである」と。

この否定的規定は、マックス・ウェーバー『職業としての学問』(岩波文庫、尾高邦雄訳)にある学問の否定的規定を思い起こさせる。「『真の実在への道』、『真の芸術への道』『真の自然への道』、また『真の幸福への道』などが、すべてかつての幻影として滅び去ったこんにち、学問の職分とはいったいなにを意味するのであろうか」。トルストイは「いかに生きるべきか?」にはなにも答えないから無意味だといったが、「正しい問い方をするものにたいしてはなにか別のことで貢献する」のだと。尾高は「旧訳の序」（一九三六年）で次のように書いている。第一次大戦後の独青年たちが「現実の代わりに理想を、事実の代わりに世界観を、認識の代わりに体験を、専門家の代わりに全人を、教師の代わりに指導者を」求めることをウェーバーは突き放し、「それは矯められるべき浮薄さであり、鍛えられるべき弱さであった」とした。学問も民主主義も、湯川の好きな言葉でいえば、「海図のない航海」なのである。

「四つの科学」

筆者が「科学と民主主義」を並べて考察してみたいと思ったのは、福田のいう「シンボルに仕える者ではなくて、これを方法化し得る者」でありたいと思うからである。「いかなる拘束からの解放も、自己解放なくしては本来あり得ない」のであり、科学はその一助たり得るのかが課題である。民主主義の前進のための多方面的な方法化の一つとして科学もあるのではないかという想いである。

そのために通常の科学の広いイメージを拡大して〝四つの科学〟というダイアグラムを提案している（佐藤、前掲書）。図のように四辺形を描いてその四隅に純粋科学（左上）、科学技術（左下）、ワールドビュー（右上）、社会インフラ（右下）と書き入れる。科学はこれらに囲まれた四角形の領域に存在する。一番の特徴は左側の専門職業の科学だけでなく、右側に一般人の科学を置いたことである。すなわち、左右の軸は左側に行くほど専門職業的で、右側に行くほど一般人の生存、生活、文化の営みに近くなる。それに対して上下の軸は下に行くほど実際的、実践的であり、上側に行くほどそれから離れた世界観、自然観、精神的な営みを表している。右側の中間には職業と市民生活でのスキル、身体とマインド両面に絡む医療管理と自己啓発などでの「科学的」知識が含まれる。このダイアグラムではこうした「科学的」知識が専門職業科学と陸続きであることを強調したいのである。

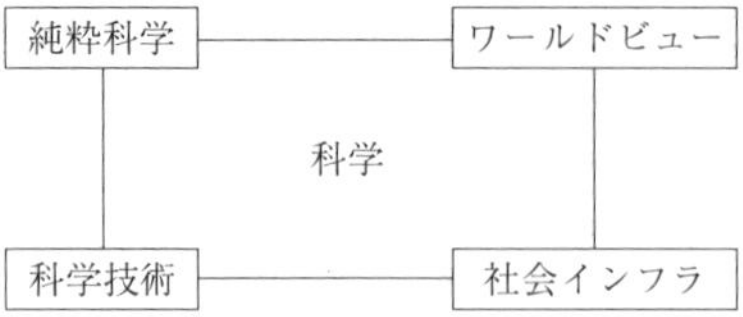

図

じつはこうした「科学的」という言葉は敗戦直後の日本で民主主義と並んでオーラを発する眩しい言葉だった。そうした中ではこの言葉と専門職業科学の区別もあいまいで一体化して見えたものだ。その時代を記憶する世代には「現実は科学で全部は割り切れない、心の大事さを悟って、現在がある」というトラウマとして残っているかもしれない。真理の押し売りとか、画一的な遣り方とか、合理主義一辺倒とか、である。この結果、一般人と科学の関係は、科学を専門職業科学界に閉じ込めて、そこが一般社会に放出してくる最新知識や医療やプロダクトを一般人は単に消費し、時たまノーベル賞などで愛国心を発揚する貧しい関係に萎縮してしまった、と筆者には思える。

ヒーローとマス化

左側が肥大化した現在、新たな方法化での右側の活性化が必要である。民主主義には対話や討論という構成員の相互作用が欠かせず、そこで「科学的」がトラウマとならないかたちで介在せざるを得ないと考えるからである。

東洋でも公の原理を理におくか誠におくかは果てしない議論となる。「科学的」という言葉を合理と実証と置き換えても、合理はまだしも、実証は現実の多層性からして錯綜してくる。だから「四つの科学」での「右側」を終戦後の「科学的」や「理」の復活とかに解消しては発展がないであろう。ここでは「科学とは……」といった理論的考察よりも、むしろ半世紀前には想像もできなかった社会的存在としての「街中の科学」の現実に即して考察されるべきであろう。

「街中の科学」のイメージは二つに大別できる。一つは人類の初挑戦である。月や火星に行くとか、ニュートリノやヒッグス粒子をとらえるような珍業である。同じ人類や国民国家の一員として誇らしく感じるが、冷静に思うとそれで生活が変わるわけではない。もう一つは正に人々の間に影響が及ぶものである。たとえば、昔は王様だけが食べることのできた珍味が今では誰でも食える。珍味自体は伝統社会の発明品だが大量の人間が口にできるのは科学技術のおかげである。

高価だったハイテク珍品も瞬く間に人びとの間に普及する。前者では平等化・画一化に逆らうようにヒーローをつくり、後者では希少物への万人のアクセスを可能にして平等化と画一化をおしすすめる。

ヒーローや珍体験は画一化による倦怠感を破るロマン文化といえるが、万人がそれに走ると自然環境や生態系は大打撃をうける。民主主義は物質・エネルギーのマス化をともなう。現在の「一部」を将来は「万人」に拡大する夢の上に科学技術と民主主義は共存している。当面の不平等も、未来に賭けることで不満を蓄積させない安定化作用も担っている。

国際光年と江戸の文明

四つの科学の右側と左側の関係をもっと豊かにするには様々な試みが必要だろう。その一つには半世紀ほど慣れ親しんでいることを意識的に外してみることだろう。二〇一五年は国連が決議した国際光年である。二〇〇五年の国際物理年以来、化学、天文学、数学などの科学振興の記念年が国連で決議されてきた。この記念年というのには国際婦人年とか国際生物多様性年とかのように、未来に向けた一つの政策的な目標を定めて各国政府にその実現の取り組みを促すものが多い。そこに、アインシュタインや、キュリー夫人やガリレオを想起する記念年が付け加わったのであった。その系譜でいえば二〇一五年はイブン・アル・ハイサムの『光学の書』が一〇一五年に出されて一〇〇〇年の目の年だというのである。

西洋文明科学の中で語られることのないアラブ文明の事績の突然の登場である。それと合わせてフレネルの波動説（一八一五年）、マックスウェルの電磁波説（一八六五年）、アインシュタインの光量子説（一九〇五年）と一般相対論（重力と光の理論、一九一五年）、ペンジャスとウィルソンのCMB発見（ビッグバン宇宙の証拠となるマイクロ波背景放射、一九六五年）、カオの光ファイバー発明（一九六五年）などがその後の進展として例示されている。

世界の大きな割合を占めるアラブ世界であるが、そういう現実は国連のような場でより実感されるものであろう。現代の専門職業科学の枠組みを変えていくような気づきが広い世界からなされることは大事なことである。これは同時に我々に江戸時代の文明で奉行や職人に蓄積された技術知識が西洋科学技術と異なる社会的形態で存在していたことを思い起こさせる。西洋文明移入に偏り、継承ではなく断絶させられたものである。西洋科学の枠を改変していく試みの一つとして、江戸の文明を支えた技術や自然観の掘り起こしは大切であろう。第2章の「ゲーテの科学」のように、四つの科学の左側と右側の新たな繋ぎ方に新鮮な視点を示唆してくれるかもしれない。

「大きな献身と負担」

「若者たち」

君の行く道は、果てしなく遠い
だのになぜ、歯を食いしばり
君は行くのか、そんなにまでして

（作詞　藤田敏雄）

人類はまだ発展途上なのだ。未来に伸びるその長い道を進むのは若者たちである。くどいようだが最後に福田の言葉をもう一つ引用して「君の行く道」への餞としたい。

「民主主義は、それがどんなによい言葉になったとしても、人間のすべての問題を片づけてくれる万能薬ではありません。民主主義は、それがどんなに立派に制度化されたとしても、それによって必ずしも人間が豊かな生活を送れるということを約束するものでもありません。それどころか、民主主義はまさにそれが民主主義であるがゆえに、そもそもそれが機能するためには、この社会をつくっている一人一人の人間の資質を厳しく問い、一人一人の人間に対して、公共のために大きな献身と負担とを要求する、そういう体制にほかなりません。

ただ、この民主主義に根本的な一つの特徴、ほかに求めがたい長所があるとすれば、それのみが、人間が政治生活を営むうえに、人間の尊厳と両立するという一点であります。このことを忘れて民主主義を論ずることは、すべて無意味なことであると私は思います」(福田歓一『近代民主主義とその展望』岩波新書、一九七七年)。

あとがき

本書は『現代思想』（青土社）に二〇一四年九月から翌年一一月の間に連載した「科学者の散歩道」第一三回〜二四回を再録したものであるが、月刊誌では字数に制限があって意を尽くせなかったところを加筆して読み物としてよりスムースに読めるように工夫した。「科学者の散歩道」第一回〜一二回はすでに『科学者には世界はこう見える』（青土社）に収録されている。

本書が読者の思考を拓く「読書案内」の性格を持たせる意図もあり、他書からの引用を多用している。引用先から読者独自の世界を展開されるのも面白いと思う。またある言葉がきっかけで世界が拡がるものでもある。インターネットの「検索」ツールで膨大な情報源にアクセス可能だが、海外人名や専門用語の翻訳の不定さの故に検索がトラブルことがある。カタカナ表記や翻訳語の整備をどうするか難しい問題である。ローマ字記載だと検索の世界は桁違いに広くなる。こうした観点であまりメジャーでない人名などはローマ字表記にした。

今回、各文章の末尾に唐突に歌唱の歌詞を置いた。まったく得体の知れないものであるがコメント書きしたように時々にふと心に浮上したものである。「検索」などの最中に想像することがある「思考を飛ばす」のあそび表現の積もりである。

最後に、前書の『科学者には世界がこう見える』に続いて本書の発行をお世話いただいた青土社の菱沼達也さんに感謝します。

二〇一五年一一月　ふたたびめぐってきた錦秋の洛西にて

佐藤文隆

佐藤文隆 （さとう・ふみたか）

1938 年山形県鮎貝村（現白鷹町）生まれ。60 年京都大理学部卒。京都大学基礎物理学研究所長、京都大学理学部長、日本物理学会会長、日本学術会議会員、湯川記念財団理事長などを歴任。1973 年にブラックホールの解明につながるアインシュタイン方程式におけるトミマツ・サトウ解を発見し、仁科記念賞受賞。1999 年に紫綬褒章、2013 年に瑞宝中綬章を受けた。京都大学名誉教授、元甲南大学教授。

著書に『アインシュタインが考えたこと』（岩波ジュニア新書、1981）、『宇宙論への招待』（岩波新書、1988）、『物理学の世紀』（集英社新書、1999）、『科学と幸福』（岩波現代文庫、2000）、『雲はなぜ落ちてこないのか』（岩波書店、2005）、『職業としての科学』（岩波新書、2011）、『量子力学は世界を記述できるか』（青土社、2011）、『科学と人間』（青土社、2013）、『科学者には世界がこう見える』（青土社、2014）など多数。

科学者、あたりまえを疑う

2015年12月25日　第1刷印刷
2016年1月10日　第1刷発行

著者　　佐藤文隆

発行人　清水一人
発行所　青土社
　　　　東京都千代田区神田神保町1-29　市瀬ビル　〒101-0051
　　　　電話　03-3291-9831（編集）　03-3294-7829（営業）
　　　　振替　00190-7-192955

印刷所　双文社印刷（本文）
　　　　方英社（カバー、表紙、扉）
製本所　小泉製本

装丁・イラスト　桂川潤

Printed in Japan
ISBN978-4-7917-6902-5 C0040